国网北京市电力公司电力科学研究院　组编

220kV变压器
技术符合性评估
实用指导

中国电力出版社
CHINA ELECTRIC POWER PRESS

内 容 提 要

全书分为 3 章，分别为变压器技术符合性评估实施背景、变压器技术符合性评估体系构建、变压器技术符合性评估工作实施，附录部分收录了国网北京市电力公司技术符合性评估方案及实施细则等要求。本书从技术符合性评估的背景到要求以及具体案例的角度阐述技术符合性评估本质，用以指导电力企业从事技术符合性评估工作相关人员以及电力设备供应商，从源头入手提高设备质量，有效防控和杜绝产品技术与管理风险，推动电网设备向中高端迈进，加快公司和电网高质量发展。

本书可以作为技术符合性评估工作相关人员以及电力设备供应商的指导和参考手册。

图书在版编目（CIP）数据

220kV 变压器技术符合性评估实用指导 / 国网北京市电力公司电力科学研究院组编 . -- 北京：中国电力出版社, 2025.6. -- ISBN 978-7-5198-9969-1

Ⅰ．TM4

中国国家版本馆 CIP 数据核字第 2025V7D817 号

出版发行：中国电力出版社
地　　址：北京市东城区北京站西街 19 号（邮政编码 100005）
网　　址：http://www.cepp.sgcc.com.cn
责任编辑：肖　敏
责任校对：黄　蓓　张晨荻
装帧设计：王红柳
责任印制：石　雷

印　　刷：廊坊市文峰档案印务有限公司
版　　次：2025 年 6 月第一版
印　　次：2025 年 6 月北京第一次印刷
开　　本：787 毫米 ×1092 毫米　16 开本
印　　张：9
字　　数：155 千字
印　　数：0001—1500 册
定　　价：48.00 元

版 权 专 有　侵 权 必 究

本书如有印装质量问题，我社营销中心负责退换

编 委 会

主 任 王大为

副主任 闫春江　马文营　段大鹏　王彦卿

委 员 李　洋　李香龙　任志刚　谭　磊　于希娟
　　　　 李　伟　叶　宽　刘弘景

编写组成员

滕景竹　王　谦　聂卫刚　赵雪骞　郭　卫　赵禹辰
王　乐　宋金峰　李龙吉　周　恺　石　磊　何　楠
张睿哲　高明伟　蔡瀛淼　李明忆　李春生　车　瑶
苗　旺　方　烈　蔡　睿　李鸿达　张　佩　曹保勤
赖曦文　白若男

前言

随着电网建设的不断发展，新一轮全国范围电力工程建设引起电力物资需求量大幅上升。一方面，"十四五"期间，国家电网有限公司深入推进电网设备质量管理，提出"优化采购评审规则，严格专业检测，加强设备厂商业绩评价，进一步选好选优设备"和"选质量最好的设备、选管理最强的乙方"的统一部署。另一方面，国家电网有限公司致力于优化营商环境，大幅降低市场准入门槛并消除招投标流程中的不合理限制与壁垒，国家电网有限公司在构建供应商战略伙伴管理体系方面面临一定的挑战。因此，需要加强供应商管理，不断完善供应商管理对策和方法，通过持续优化供应商管理策略、供应商质量闭环管理，提升和培养供应商，建立互利共赢的合作关系，从源头入手提高设备质量。为此，国家电网有限公司提出了构建设备技术符合性评估体系的要求，明确评估设备范围，确定技术符合性评估维度，即对中标供应商拟交付产品从标准执行、产品设计、关键原材料及组部件、生产制造能力、出厂试验验证等五方面开展技术符合性评估，严格出厂试验及入网检测，注重设备精益管理的方法应用。

全书分为3章，第1章为变压器技术符合性评估实施背景，宏观分析了技术符合性评估工作的战略意义，通过横向对比国内外变压器入网评估策略和评估体系，为国家电网有限公司开展变压器技术符合性评估工作提供背景依据；第2章为变压器技术符合性评估体系构建，深入构思了技术符合性评估的组织架构，明确评估工作的开展方案和标准实施；第3章为变压器技术符合性评估工作实施，详细阐明了实际评估工作的开展方案和流程，指出评估工作中遇到的典型问题，为变压器技术符合性评估工作的开展提供具体参考。

本书内容丰富、深入浅出、通俗易懂，具有较强的系统性、实用性和针对性，可以作为技术符合性评估工作相关人员以及电力设备供应商的指导和参考手册。

由于编者水平有限，书中难免有疏漏、不妥之处，敬请各位读者提供宝贵建议！

编者

2025.5

目录

前言

第1章 变压器技术符合性评估实施背景   1
   1.1 变压器技术符合性评估的意义   1
   1.2 变压器入网评估策略对比分析   3
   1.3 国家电网及各公司评估体系对比   7

第2章 变压器技术符合性评估体系构建   11
   2.1 技术符合性评估组织体系   11
   2.2 技术符合性评估开展方案   13
   2.3 技术符合性评估标准实施   17

第3章 变压器技术符合性评估工作实施   22
   3.1 技术符合性评估工作概况   22
   3.2 供应商申请资质材料审查   31
   3.3 生产制造能力符合性评估   60
   3.4 出厂试验技术符合性评估   76
   3.5 技术符合性评估评分   90
   3.6 技术符合性评估结论   90

附录A 变压器技术符合性评估申请表   92

附录B 参加国家电网有限公司设备技术符合性评估承诺书   96

附录C 供应商提交资料清单   98

附录D 基本电气参数表   100

附录E 供应商产品历史故障自查表   108

附录F 产品设计资料填写要求   109

附录G 关键原材料及组部件供应商审查备案表   113

附录H 套管尺寸表   115

附录I 型式试验产品与申报产品关键原材料及组部件供应商审查备案表   119

附录J 型式试验产品与申报产品一致性对比表   121

附录 K 短路承受能力试验产品与申报产品关键原材料及组部件供应商审查备案表　123
附录 L 产品设计技术符合性审核作业表　125
附录 M 关键原材料及组部件审核作业表　128
附录 N 历史问题汇总表　130
附录 O 历史问题整改和设联会响应情况见证表　131
附录 P 生产制造能力技术符合性审核作业表　132
附录 Q 试验验证技术符合性审核作业表　134

第1章 变压器技术符合性评估实施背景

设备质量是电网安全稳定的物质基础。随着我国进入高质量发展阶段，电力安全纳入总体国家安全观，党和国家对电力企业设备质量管理提出了更高的要求。一方面是国家电网有限公司明确提出，"十四五"期间要坚持以推动高质量发展为主题，注重提质增效，注重全要素投入，推动企业内涵式增长；另一方面，国家电网致力于优化营商环境，大幅降低市场准入门槛并消除招投标流程中的不合理限制与壁垒，国家电网有限公司在构建供应商战略伙伴管理体系上面临一定的挑战。因此，国网北京市电力公司（以下简称"国网北京电力"或"公司"）明确提出以高质量发展为主题，实施安全发展争先行动，开展设备质量提升行动，加强精益化管理，提升电网设备本质安全水平。当前，公司设备规模大、型号种类多，设备质量参差不齐，设备可靠性等关键指标与国际领先水平存在差距，供应商能力约束不足，设备质量管控体系尚不完善，亟待全面深化设备质量管理。

综上所述，国网北京市电力率先提出技术符合性评估体系，明确评估设备范围，确定技术符合性评估维度，即对中标供应商拟交付产品从标准执行、产品设计、关键原材料及组部件、生产制造能力、出厂试验验证等五方面开展技术符合性评估，严格出厂试验及入网检测，注重设备精益管理方法应用，从源头入手提高设备质量，有效防控和杜绝产品技术和管理风险，推动电网设备向中高端迈进，加快公司和电网高质量发展。

1.1 变压器技术符合性评估的意义

1.1.1 适应电网安全保障国民经济的客观要求

国家电网有限公司作为关系国民经济命脉和国家能源安全的企业，电网安全责任重于泰山。设备管理必须树牢"四个最"意识（最根本的是紧盯安全目标、牢牢守住生命线，最重要的是落实安全生产责任制，最关键的是及时发现解决各类风险隐患，最要紧的是加强应急体系建设），始终把安全摆在突出重要位置，全面落实电网设备质量管控和安全生产主体责任，做到"三杜绝、三防范"（杜绝大面积停电事故，杜绝人身死亡事故，杜绝重特大设备事故；严格防范重大网络安全事件，严格防范重特大火灾，严格防范恶性误操作），牢牢守住安全生产"生命线"，确保电网安全稳定运行和电力可靠供应，为新时代发展战略的顺利实施筑牢安全基础。

1.1.2 实现国家电网有限公司和电网高质量发展的实际需要

国家推动质量变革的决心和对高质量发展的部署，对国家电网有限公司高质量发展提出更高要求。作为关系国民经济命脉和国家能源安全的特大型国有工作企业，国家电网有限公司承担着保障安全、经济、清洁、可持续电力供应的基本使命，要消除管理痼疾，创新管理手段，推进设备精益管理，提升设备质量，从而全面增强电网资源配置能力、平衡调节能力、开放共享能力。国网北京市电力截至目前拥有35kV及以上变电站605座，架空线路10019.08km，电缆2692.01km，设备体量大、价值高，设备质量事关电网安全运行和高质量发展大局。亟待全面深化设备质量管理，强化资产的全寿命周期管理应用，在规划设计、物资供应、建设施工、电网运行、设备运维中更加突出对设备质量的管控，确保公司电网高质量发展。

1.1.3 提升设备质量、强化源头管控的必然选择

设备质量是电网本质安全的物质基础，是推动公司设备高质量发展的重要保障。目前，公司在招标前开展供应商资质能力核实，通过对供应商的资质、业绩等信息及现场实际生产情况核实确认，初步掌握了潜在供应商是否具备生产合格产品的资质和能力。但仍存在部分供应商现场供货产品与型式试验、采购技术规范不一致或变更设计、随意更换关键原材料组部件等现象。因此，为有效防控和杜绝产品技术风险，推动公司发展方式由规模扩张型向质量效益型转变，强化电网全过程质量管控，实现设备质量闭环管理，从源头入手提高设备质量，建立以设备技术符合性评估为核心的质量源头管理体系，探索面向供应商的沟通反馈机制，推动电网设备向中高端迈进，提升电网本质安全与可靠水平。

1.2 变压器入网评估策略对比分析

1.2.1 中国南方电网有限责任公司

中国南方电网有限责任公司(以下简称"南方电网公司")投资规模庞大,其中设备材料的采购金额占总投资比例较高,合作的物资供应商数量多。设备供应商的选择不仅关系到成本,还影响电网建设进度、安全运行。南方电网公司资产规模的扩大和集约化管理要求的提高,对设备供应商的质量和服务提出了新的挑战。

南方电网公司的供应商准入管理环节包括设备型号审查和资质能力评估。型号审查是投标的必要准备和先决条件。投标人及产品资质条件的初步评审标准见表1-1。

表1-1 投标人及产品资质条件的初步评审标准

条款项	初步评审标准
投标人及产品资质条件	是否符合招标文件所列的"投标人的资质条件"要求
	是否能提供由国家认可实验室(经CNAS/CNAL认可)或国际权威机构出具的与相应标的相对应的产品型式试验报告
	投标人是否参与南方电网公司供应商资格预审或资格预审结果是否合格(220kV罐式断路器未开展供应商资格预审,不作要求)
	对于110~500kV变压器、组合开关电器设备,投标人是否参与南方电网公司设备型号审查或审查结果是否合格的

对于部分设备(变压器、组合电器、断路器),只有通过型号审查才可以参与资格预审。型号审查内容包括型式试验报告、标准设计图纸、关键原材料及组部件审查。以变压器为例:型号审查适用于110~500kV三相及单相电力变压器,供应商须按照南方电网规定的产品品类进行申报(以500kV变压器品类为例,按结构型式、电压比、容量等10个维度将500kV变压器分为7类,见表1-2)。由供应商提供设备样机,每个申报的品类必须对应唯一的型式试验报告,且要求在同一台产品上执行;部分项目,如短路试验可用同品类的产品报告替代。

表 1-2　　　　　　　　　　500kV 变压器物资品类

序号	具体技术参数
1	500kV 三相油浸，750/750/240，YNa0d11 式电力变压器 U_{12}（%）=14%，U_{23}（%）=40%，U_{13}（%）=55%
2	500kV 三相油浸，1000/1000/240，YNa0d11 式电力变压器 U_{12}（%）=14%，U_{23}（%）=40%，U_{13}（%）=55%
3	500kV 三相油浸，1000/1000/240，YNa0d11 式电力变压器 U_{12}（%）=18%，U_{23}（%）=40%，U_{13}（%）=59%
4	500kV 单相油浸，250/250/80，I，a0，i0 式电力变压器 U_{12}（%）=14%，U_{23}（%）=40%，U_{13}（%）=55%
5	500kV 单相油浸，250/250/80，I，a0，i0 式电力变压器 U_{12}（%）=18%，U_{23}（%）=40%，U_{13}（%）=55%
6	500kV 单相油浸，334/334/80，I，a0，i0 式电力变压器 U_{12}（%）=14%，U_{23}（%）=40%，U_{13}（%）=55%
7	500kV 单相油浸，334/334/80，I，a0，i0 式电力变压器 U_{12}（%）=18%，U_{23}（%）=40%，U_{13}（%）=59%

　　通过型号审查的供应商还需进行资格预审及资质能力评估，在评估环节中，南方电网公司构建了清晰完整的评估框架，将评估标准分为必备条款、商务部分、质量部分和技术部分等四个部分。通过文件评审、现场核实的方式，从不同角度对供应商的整体实力、质量管理水平、研发技术水平、生产制造水平、售后服务能力等进行评估。同时为规范评估标准，南方电网公司建立了全网统一的供应商资质能力评估标准库，在选取评价指标的过程中遵循充分性和特殊性原则，针对各类产品设置相应的评估指标，全面覆盖变压器、电感器、电抗器、电能表、电缆、线材、杆塔等重要设备材料。

　　南方电网公司在供应商日常管理环节，根据供应商在合作过程中的表现，按照有关规定给予相应的激励或处罚措施建议。主要考察供应商在应急抢险中积极配合、通过不合理途径取得中标或未按合同履约等行为，并进行奖惩。监察部门负责对南方电网公司系统行贿行为信息进行统一管理，监督供应商履行廉洁诚信行为。供应商服务窗口负责接收供应商申述请求，并将申诉情况转交相关业务承办部门，业务承办部门应及时组织专家对有效的申诉问题进行调查，出具书面回复意见，由招标服务机构对申诉供应商进行回复，保证供应商沟通渠道的畅通。

供应商绩效评价环节主要包括供应商履约评价和供应商运行应用评价两部分。履约评价主要从合同签订、合同执行、标的物交付、售后服务等环节的安全、质量、进度、服务等方面开展评价。供应商运行应用评价是对设备从投入使用直至退出使用全过程进行评价，按照运行应用评价表完成运行应用评价打分，包括变电设备，输电设备，配网设备，通信、自动化系统和设备等。供应商绩效评价结果将应用于招投标活动。

1.2.2 西安高压电器研究院有限责任公司

西安高压电器研究院有限责任公司（以下简称"西高所"）作为专业认证机构，承担着变压器入网评估的重要职责。变压器制造商需向西高所提交认证申请，按照认证方案的要求，提交完整的认证申请资料，包括认证产品描述、法定代表人授权书、有效的监督检查报告或企业检查报告等，并明确认证产品的型号、规格及关键技术参数。西高所将依据《电力变压器产品认证方案》对申请材料进行初步审查，确认产品是否属于认证范围，确保申请产品的合规性。

通过初步审查后，西高所将根据产品的结构特点、性能参数等因素进行单元划分。每个单元代表一类具有相似特性的变压器产品。随后，制订详细的型式试验计划，明确试验项目、依据标准、试验方法等。型式试验是变压器入网评估的核心环节。西高所将依据国家 GB/T 1094 系列标准及行业标准，对变压器进行包括温升、绝缘水平、承受短路能力、声级测定等在内的多项试验。试验过程中，需严格按照标准规定的方法进行，确保数据的准确性和可靠性。部分型式试验依据标准见表 1-3。

表 1-3　　部分型式试验依据标准

序号	产品名称	依据标准	
1	液浸式变压器	GB/T 1094.1	《电力变压器　第 1 部分：总则》
		GB/T 1094.2	《电力变压器　第 2 部分：液浸式变压器的温升》
		GB/T 1094.3	《电力变压器　第 3 部分：绝缘水平、绝缘试验和外绝缘空气间隙》

续表

序号	产品名称	依据标准	
1	液浸式变压器	GB/T 1094.4	《电力变压器 第4部分：电力变压器和电抗器的雷电冲击和操作冲击试验导则》
		GB/T 1094.5	《电力变压器 第5部分：承受短路的能力》
		GB/T 1094.10	《电力变压器 第10部分：声级测定》
		GB/T 6451	《油浸式电力变压器技术参数和要求》
		GB/T 25438	《三相油浸式立体卷铁心配电变压器技术参数和要求》
		GB/T 25446	《油浸式非晶合金铁心配电变压器技术参数和要求》
		JB/T 501	《电力变压器试验导则》
2	干式变压器	GB/T 1094.1	《电力变压器 第1部分：总则》
		GB/T 1094.2	《电力变压器 第2部分：液浸式变压器的温升》
		GB/T 1094.3	《电力变压器 第3部分：绝缘水平、绝缘试验和外绝缘空气间隙》
		GB/T 1094.4	《电力变压器 第4部分：电力变压器和电抗器的雷电冲击和操作冲击试验导则》
		GB/T 1094.5	《电力变压器 第5部分：承受短路的能力》
		GB/T 1094.10	《电力变压器 第10部分：声级测定》
		GB/T 1094.11	《电力变压器 第11部分：干式变压器》
		GB/T 10228	《干式电力变压器技术参数和要求》
		GB/T 22072	《干式非晶合金铁心配电变压器技术参数和要求》
		JB/T 501	《电力变压器试验导则》

对于部分认证模式，还需进行初始企业检查。检查内容主要包括企业质量保证能力的检查、产品一致性检查和产品的标准符合性检查。检查过程中，重点核查制造商提供的资料是否覆盖申请认证的所有产品和加工场所，以及产品的实际生产情况是否与型式试验样品一致。

型式试验完成后，西高所将对试验数据进行深入分析，评估变压器产品的性能是否符合标准要求。对于不符合项，将提出具体的整改建议，并要求制造商进行改进，确保变压器产品的安全性和可靠性，为电网稳定运行提供保障。

变压器获得认证后，西高所将继续对其进行监督。通过定期的企业产品质量保证能力监督检查、产品一致性检查等方式，确保认证产品的持续符合性。同时，对于产品设计、结构参数等变更情况，西高所将依据变更的内容和提供的资料进行评价，必要时安排试验和/或现场检查，确保变更后的产品仍满足认证要求。

若产品符合认证要求，西高所为其颁发认证证书，并允许制造商在获证产品上或其宣传中使用认证标志。认证证书结合证书附件方能生效，附件中详细描述获证产品的特性。同时，制造商严格按照《认证证书和认证标志的使用指南》中的规定施加认证标志，确保标志的准确性和合法性。

综上，西安高压电器研究院有限责任公司的变压器入网评估关键环节涵盖了认证申请与初步审查、单元划分与型式试验计划制订、型式试验执行与数据记录、试验结果分析与评估、获证后监督与变更管理，以及认证证书与标志管理等多个方面。这些环节共同构成了变压器入网评估的完整流程，确保了变压器产品的安全、高效运行。

1.3 国家电网及各公司评估体系对比

1.3.1 国家电网有限公司供应商设备质量管理特点

设备质量是电网本质安全的物质基础，然而据统计，2013—2018年，国家电网有限公司发生质量事件总计63433起，其中由于设备质量引起的合计31753起，占比高达50.1%。以国家电网有限公司330~1000kV交流变压器为例，从2010年起至2019年止，累计发生故障80次，按故障原因分析，制造工艺不良占比37.5%，组部件质量不良占比17.5%，抗短路能力不足占比15%，因设备质量导致的故障高达70%。造成以上问题的主要原因是国家电网有限公司具有以下几个方面的特点：

一是国家电网有限公司作为特大型国有重点骨干企业，有义务响应国家优化营商环境号召，进一步放宽市场准入门槛，这就导致了国家电网有限公司供应商评审力度不足。目前，国家电网有限公司在招标前开展供应商资质能力核实，主要核实供应商的资质、业绩等信息以及对现场实际生产情况核实确认，仅初步掌握了潜在供应商是否具备生产合格产品的资质和能力，并不针对设备的质量进行评审。

二是国家电网有限公司的物资采购部门与设计规划部门、安装调试部门、运维检修部门、设备使用单位之间缺乏有效的沟通和反馈机制，每个部门所关注的工作重点不同，导致有质量问题的设备仍然继续使用，运维过程中发现的问题难以反馈。物资采购环节的供应商招投标评审不能真正体现供应商设备质量的真实情况。

三是国家电网有限公司所使用的现行国家、行业、企业标准、规范数量庞大。需要加大生产和质量管控措施力度，确保供货产品与型式试验、采购技术规范、产品设计、关键原材料组部件一致，因此，对于加强供应商入网设备的质量管控工作，亟需引起高度重视。

从设备采购源头把牢设备入网质量关，是国际先进电力企业的普遍做法。英国国家电网公司、意大利国家电力公司、新加坡能源有限公司等企业均开展了不同形式的产品型式注册、技术符合性认证等工作，通过资质审核、体系认证、产品型式注册、产品设计校核、工厂验收试验等环节进行把关，确保批量供货的产品符合技术标准要求。

1.3.2　国家电网有限公司供应商设备入网评估流程

当前，国家电网有限公司在招标前开展了包括供应商资质能力核实、资格预审等工作。其中，供应商资质能力核实针对各类设备设置相应的评估标准，对供应商的资质、业绩等信息及现场实际生产情况进行核实确认。资质能力核实旨在减少供应商制作投标文件时的重复性劳动，提高评标工作效率，不作为投标的前置必备条件。

在投标环节需要进行资格预审。资格预审包括通用资格和专用资质业绩两部分。通用资格包括业绩审核、注册资本、生产场地、生产设备、生产人员、产品及元器件检测能力。若已取得资质能力《核实证明》，则无需再次提供证明。专用资质业绩，以500kV变压器为例，按结构、型式分为7类，每一类需要提交该类别的业绩、型式试验报告、认定证书等。若《核实证明》有试验报告记录且记载数据满足资格预审要求，则无需再次提供证明。值得注意的是，与南网不同，高电压等级及容量的变压器试验报告可以替代低电压等级及容量的变压器试验报告。

1.3.3　国内各电力公司供应商设备入网评估的差异

本节仅选取国内（南方电网）、专业认证机构（西高所）与国家电网有限公司的供应商质量管理流程进行对比，如图 1-1 所示，其中南方电网相较国家电网在招标前增加了部分设备的型号审查，主要针对产品的设计、质量、试验报告等方面严格筛选合格供应商。与国家电网允许用更高电压等级代替低电压等级设备试验报告的方式不同，南方电网要求除了短路试验、套管型式试验等少数试验外，其余所有试验均需在同一品类的同一台样机上进行，此外在资质能力核实阶段建立更加系统详尽的标准库。西高所评估标准较国内电网企业关注范围更广、评估过程更长、评估标准更为严苛。值得关注的是，西高所在产品获得认证后，持续对其开展监督工作确保产品后续生产质量仍然满足客户需要。

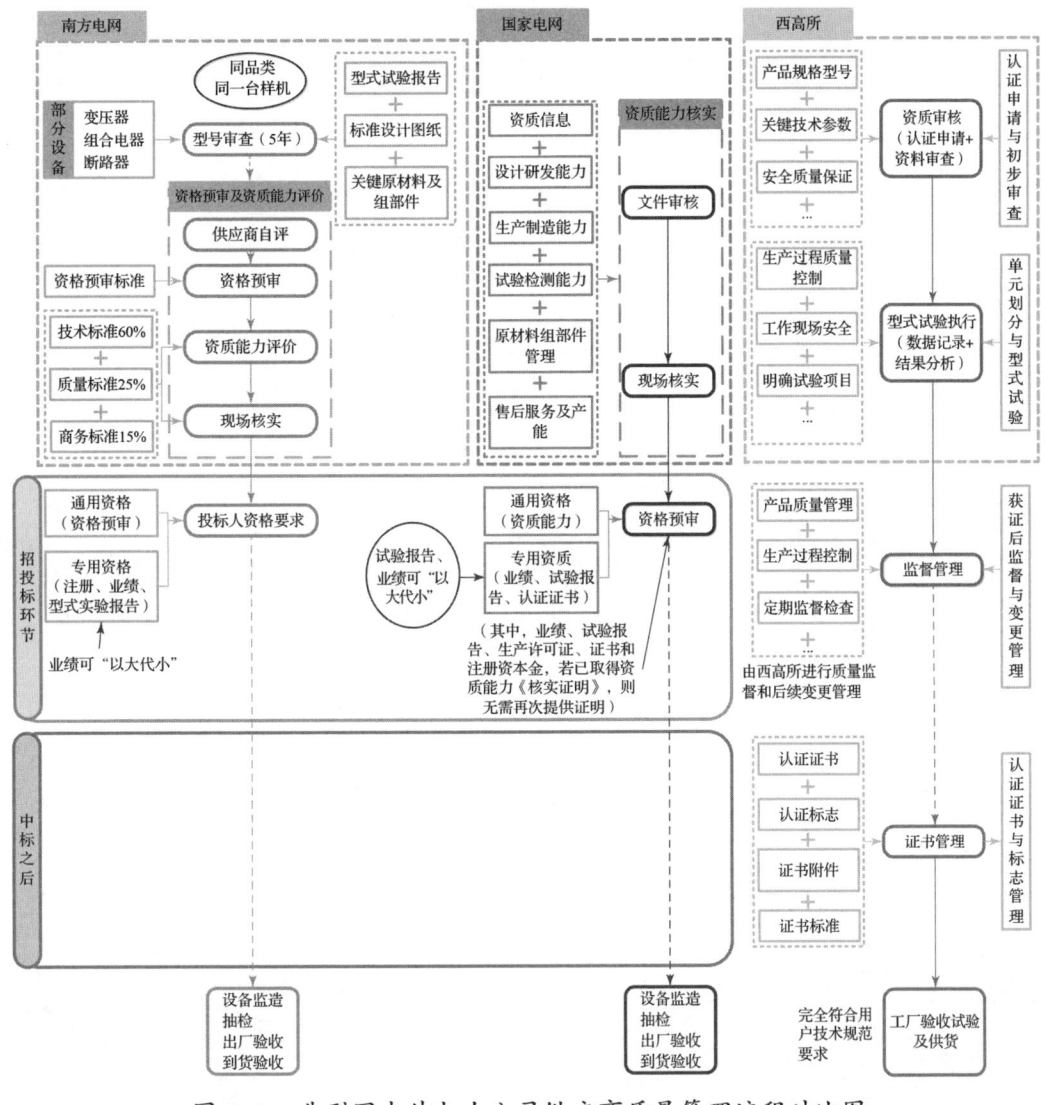

图 1-1　典型国内外电力公司供应商质量管理流程对比图

综上，目前国内电力设备供应商管理体系仍具备较大的提升空间，尤其是在采购环节设备入网要求主要依靠专家经验，指标的信度和效度较差，数据的统计依赖人工，导致运行环节设备质量参差不齐，运维环节压力大，且没有形成闭环。为此亟需从采购源头入手，建立基于电力设备采购质量提升的供应商选择与管理方法。

第 2 章
变压器技术符合性评估体系构建

本章主要从变压器技术符合性评估组织体系、评估内容标准，以及评估实施要求三部分内容展开阐述。技术符合性评估组织体系分别从公司战略规划、管理组织架构和评估技术平台三个宏观层面说明了技术符合性评估的基础准备和必要保障；评估内容标准清晰明确技术详细内容，规范技术评估流程；评估实施要求则对于资质审核要求以及生产过程的技术符合性评估要求进行梳理，并对开发技术符合性评估系统平台提出业务要求。

2.1 技术符合性评估组织体系

2.1.1 构建设备技术符合性评估体系

设备质量是电网安全稳定的物质基础，提高电网装备水平，推动电网装备迈向中高端，持之以恒提升电网本质安全水平，是当前和今后一个时期工作的重中之重。国家电网有限公司当前实施的供应商入网设备质量考察，主要为了确保供货产品与型式试验、采购技术规范、产品设计、关键原材料组部件一致，需要加大生产和质量管控措施力度。为此，国网北京电力深入调研国内外先进电力企业设备质量管理方法，结合公司现有设备管理机制，探索建立有效的设备质量管理体系，规范供应商产品型号，强化设备设计制造环节质量管控，对公司关键设备开展技术符合性评估工作，引导供应商做好做优产品。

以 220kV 变压器为试点设备，对中标供应商拟交付产品从标准执行、产品设计、关键原材料及组部件、生产制造能力、出厂试验验证等五方面，开展拟交付产品与采购规范、技术标准、十八项反措的技术符合性评估，从源头确保入网设备安全可靠，规范供应商产品型号，在优选供应商、提升采购设备质量方面取得了显著成效。此外，搭建设备技术符合性评估平台，固化评估流程，实现技术符合性评估的协同工作、及时反馈、提质增效，强化供应商设备质量管控力度，不断推动公司和电网高质量发展。

2.1.2 建立技术符合性评估组织架构

2.1.2.1 强化各级设备管理职责和评估流程

一是印发国家电网有限公司电网一次设备质量管理规定，进一步明确各职能部门管理分工。公司设备部负责供应商设备质量评估的归口管理，组织推动电网设备技术符合性评估工作及应用；各属地公司设备部负责组织开展所辖范围内电网设备技术符合性评估工作；电科院负责组织并收集设备运行期间历史问题等信息。

二是明晰设备技术符合性评估工作流程。成立由公司分管领导任组长的设备质量管理领导小组，成员包括设备部、物资部等部门以及电科院等相关单位主要负责人。物资部发布评估工作通知；电科院收集汇总各属地公司设备历史运行质量问题；各属地公司对所属设备开展技术符合性评估工作，并由电科院审核、确认；公司设备部对评估结果进行汇总和审核，并将该结果反馈至物资采购环节应用。

三是管理下沉，强化属地公司设备管理体系的细化落实。对属地公司纵向开展设备技术符合性评估的指导和督导，下发国家电网有限公司技术符合性评估通知等，确保评估的穿透力。

2.1.2.2 提升人才队伍培养和专业技术能力

一是通过开展讲座、交流与讨论等多种途径方式，从思想意识上改变基层员工关于设备质量管理的看法，告诫员工要从全局的更高的角度看待设备问题。明确"好设备"应以在设备全寿命周期内，安全、效能、综合成本最优为标准，避免各部门站在各自角度看待设备质量问题、不过分强调某一个环节最优，而忽视整体效果。

二是定期组织评估组、各设备所属公司一线员工的技术符合性评估培训工作，不断完善质量管理人员的业务素养。一方面加强对设备质量隐患排查和责任追究，在设备技术符合性评估的每一环节落实责任人负责制，明确重大设备隐患的认定标准、责任追究与处罚等规定。

三是设立激励机制，鼓励一线员工积极关注设备质量问题、排除质量隐患，对于在技术符合性评估各个环节发现的设备质量问题进行及时上报，并提炼在评估环节发现的典型问题、典型经验，对于有突出贡献的员工进行专项奖励。

2.1.3 打造技术符合性评估智能平台

一是利用好现有的PMS2.0供应商评价管理系统质量信息管理模块，通过该模块收集各单位设备历史问题和全部质量信息，并采用"大数据分析"手段，分析供应商设备的设计缺陷和质量缺陷，为后续督促供应商整改打好基础。

二是开发技术符合性评估电子平台，利用开发的供应商设备技术符合性评估系统固化评估流程及各部门协作职责，并以变压器设备为试点，建立电网设备的产品设计、加工工艺等关键信息的数据共管机制，实现采购设备的设计、工艺等关键材料备案，为设备的事故后责任追溯提供依据，彻底杜绝伪造试验报告、偷工减料等不诚信行为。

2.2 技术符合性评估开展方案

目前，设备入网前期主要采用资质能力核实手段对供应商资质、设计研发、生产制造和试验检测等信息及现场实际生产情况进行核实确认，但未对供应商资质能力进一步细化评分，而且资质能力核实仅仅是对供应商是否具有招标项目所需要的制造和供货能力进行审核，侧重于供应商资质和制造能力的审核，没有对于产品进行定型审查、校核，可能出现供应商出于节约成本等考虑更换原材料或工艺，未及时通知设备所属单位，造成所供设备与采购技术标准要求不符的风险。另外，则是现有评判标准模糊，评审过程时间紧、任务重，专家难免存在审查不全面的情况，可能影响评审质量，也会导致部分供应商现场供货产品与型式试验、采购技术规范不一致，以及变更设计、随意更换关键原材料组部件等现象，难以提升变压器本质安全水平。

因此，亟须加强入网设备质量管理，探索建立有效的设备质量管理机制，强化设备设计制造环节质量管控，了解供应商生产制造能力，提升供应商设备质量管控水平。以220kV变压器为试点设备，依据《国家电网有限公司物资质量监督管理办法》相关要求，结合设备监造、抽检、出厂验收等工作，开展拟交付产品与采购规范、技术标准、十八项反措的技术符合性评估，将评估结果应用于物资招标及履约环节管理，总结试点成效，逐步扩展设备类型，建立完善公司特色的设备质量管控体系，推动公司和电网高质量发展。

2.2.1 明确技术符合性评估内容

2.2.1.1 评估设备范围

为提高技术符合性评估工作的标准化程度，增强通用性、互换性，便于设备资料管理，提高专家评审效率，需对申报设备进行品类归纳和优化。为此，国网北京电力以 220kV 变压器为试点设备，经征求电力设备专家和供应商意见后，根据电压等级、相数、容量、绕组型式、冷却方式、调压方式、电压比等七个维度对国网北京市电力近 5 年已投运的 220kV 变压器进行分类，共计 21 类。为提高工作效率，本次评估工作仅对投运数量占比 2% 以上的 220kV 变压器开展技术符合性评估，具体见表 2-1。

表 2-1　　220kV 变压器型号分类及占比明细

序号	相数	容量（MVA）	冷却方式	调压方式	电压比	数量	占比
1	三相	180	自然油循环风冷（ONAF）	有载调压	220/115/10.5	146	49.49%
2	三相	180	油浸自冷（ONAN）	有载调压	220/115/10.5	56	18.98%
3	三相	180	强迫油循环水冷（OFWF）	有载调压	220/115/10.5	21	7.12%
4	三相	180	强迫油循环导向风冷（ODAF）	有载调压	220/115/10.5	20	6.78%
5	三相	250	自然油循环风冷（ONAF）	有载调压	220/115/10.5	12	4.07%
6	三相	180	自然油循环风冷（ONAF）	有载调压	220/115/36.6	6	2.03%

2.2.1.2 查验信息范围

查验信息主要针对供应商现有设备制造能力相关信息，主要包括在制造前对标准执行、设计资料、关键原材料及组部件资料进行审核，在制造过程中对供应商历史问题整改情况、设计联合会响应情况、关键原材料材质情况进行评估和检测，在出厂试验环节复核前期资料、评估供应商生产制造能力、见证出厂试验，并对产品进行技术符合性评分，覆盖供应商设备设计、采购、制造、出厂等环节。220kV变压器型号分类及占比明细见表2-1。

2.2.1.3 评估关键环节

评估组及设备所属单位采取资料审查、现场评估、试验验证等方式，查验供应商供货设备对于技术标准、反措、采购技术规范的执行情况。具体包括以下几方面内容：

（1）考虑到技术规范等相关标准的更新迭代，需核实供应商提交的审核资料、投标资料与现行标准等的要求是否一致，为此开展标准执行技术符合性评估。本环节主要评估设备产品与技术标准、反措、采购技术规范的符合度。

（2）为核实供应商提供资料的有效性、一致性和符合性，需对产品设计技术符合性进行评估。在设备制造前对设计图纸、设计关键参数表、设计报告、组部件选型报告、关键工艺说明等能反映供应商产品设计的关键证明材料进行审查，确保产品设计符合技术标准要求。

（3）为对供应商的原材料和组部件进行审核和备案，杜绝供应商私下变更原材料等部件，需对关键原材料及组部件技术符合性进行评估。包括关键原材料及组部件的供应商信息、相关检测报告等资料进行审查，结合设备监造对关键原材料材质进行抽检评估，确保关键原材料及组部件型号、供应商与采购协议一致，性能满足技术标准要求。

技术符合性评估不仅仅是对生产之后的设备进行评估，更重要的是要深入设备制造一线，从制造环节入手提高供应商设备本质质量，为此需开展生产制造能力符合性评估。设备技术符合性评估可分为产品质量管控水平评估、产品历史问题与设联会响应情况评估两部分。从产品质量保证体系、生产环境条件、外购件质量管控能力、重要组部件制造能力、设备检验试验能力等五个方面评估其产品质量管控水平。结合出厂试验见证，在供应商工厂对历史问题整改与设联会响应情况进行核实。具体评估工作主要从资料审查、现场评估、试验验证三方面开展，如图2-1所示。

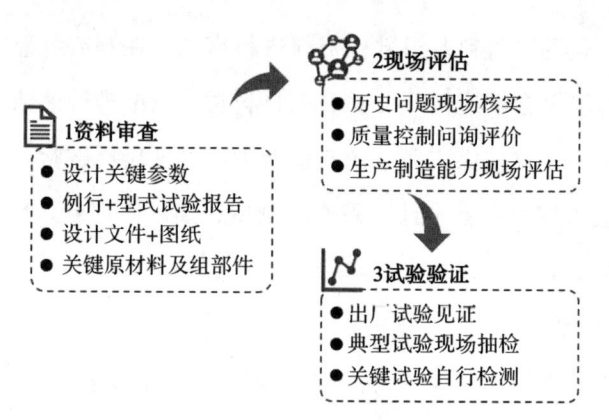

图 2-1　设备技术符合性评估方式及内容

2.2.2　规范技术符合性评估流程

根据变压器技术符合性评估工作目标，采取"多方协同、共同推进"的工作思路，开展技术符合性评估工作，总体评估流程如图 2-2 所示。

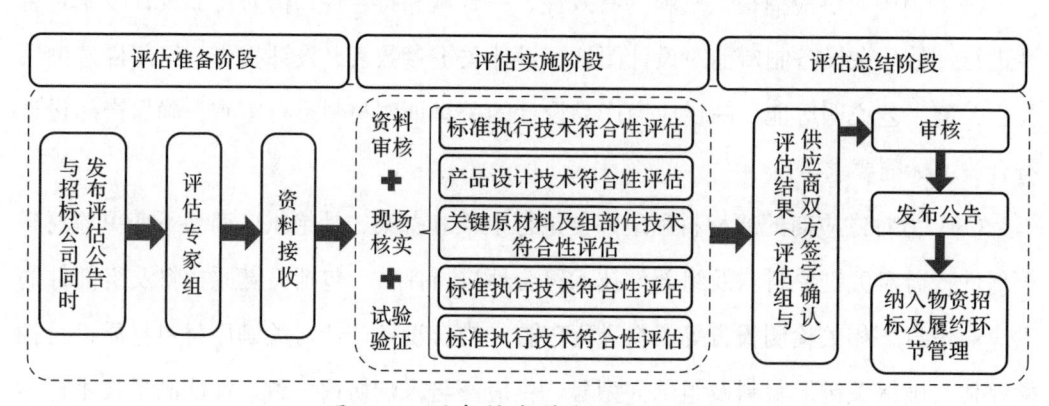

图 2-2　设备技术符合性评估流程

（1）评估准备阶段。组织设备专家、会同设备所属单位成立评估组。物资公司接收供应商提交的评估申请及评估资料，并将相关材料移交评估组。评估组对供应商申请有效性及评估资料完整性进行审核，若供应商不满足申请条件或评估资料不符合要求，退回供应商补齐相关资料。

（2）评估实施阶段。评估组依据评估实施细则，审核供应商提交的投标文件、产品设计材料和试验报告等资料，评估资料的真实性、有效性及与申报设备的一致性，选取关键指标开展设计校核，评估供应商申报设备在标准执行、产品设计方面对反措、标准、规范的响应情况。

第 2 章　变压器技术符合性评估体系构建

评估组会同设备所属单位选取一台同型号设备,安排监造单位进行关键原材料取样,委托第三方有资质的检测机构开展关键原材料材质评估,记录评估结果。评估组对组部件型式试验报告和关键原材料材质评估结果等资料进行审查,评估关键原材料及组部件的性能、供应商信息与技术标准和采购协议的符合度。

评估组应在设计联络会前收集运检环节供应商产品历史运行问题,设备所属单位的设备管理部门应在设计联络会上提出设备改进要求,物资管理部门应要求监造单位监督供应商落实历史问题整改措施和设联会响应情况并反馈评估组。评估组会同设备所属单位对供应商产品质量管控水平进行实地考察,结合监造单位反馈材料对同型号设备历史运行问题整改措施及设联会响应情况进行现场核查。

设备所属单位物资管理部门应根据设备生产进度提前通知设备管理部门出厂验收日期。评估组在同型号产品中抽取一台,见证该台变压器的全部出厂试验,其中空载损耗测量等关键试验项目由设备所属单位自带仪器在厂内开展。同型号其他产品出厂试验见证由设备所属单位完成。评估组依据试验结果,评估试验验证技术符合性情况。

(3) 评估总结阶段。评估组应综合标准执行、产品设计、关键原材料及组部件、生产制造能力和出厂试验验证技术符合性评估情况进行汇总评分,得出设备技术符合度及评估结论,录入技术符合性评估平台并完成评估工作报告。评估结果经审核后,通过技术符合性评估平台反馈给供应商。

2.3　技术符合性评估标准实施

开展技术符合性评估工作,在制造前对标准执行、设计资料、关键原材料及组部件资料进行审核,在制造过程中结合监造工作对供应商历史问题整改情况、设计联合会响应情况、关键原材料材质情况进行评估和检测,在出厂试验环节复核前期资料、评估供应商生产制造能力,并结合现有出厂验收环节对出厂设备进行评估和评分。为此,依据技术符合性评估主要内容,制定评估规范,确定评估打分规则,编制《国家电网有限公司 220 千伏变压器技术符合性评估实施细则》,确保评估工作方法科学、有据可依。

2.3.1 梳理变压器资料评审的内容及要求

供应商在招投标环节提供大量的技术文件，导致评标过程时间紧、任务重、评标专家可能存在审查不全面的情况，直接影响评标质量。为此，在开展技术符合性评估资料审核过程中，选取对设备质量有直接影响关系以及易出现设备故障的关键资料进行审核，以220kV变压器为例，具体包括例行和型式试验报告、基本性能参数表、基本结构参数表、关键原材料及组部件表等（见表2-2），进行审查并备案，组织评估专家依据评估标准对供应商提供资料的有效性、一致性和符合性进行核实。评估要求如下：

（1）评估资料要求完整提交，格式正确，报告资料不应存在缺页或字迹模糊等问题。

（2）所有试验报告、设计图纸等均要求在同一台设备上执行，且每台设备有唯一对应的评估报告，型式试验报告中的试验项目应包括GB/T 1094.1及国网变压器采购技术标准规定的例行试验项目和型式试验项目，且应由获得CNAS、CNAL认证的试验室或机构出具。

（3）产品短路试验报告应与申报型号电压等级一致的，且应由有资质的第三方机构出具，国外机构如KEMA，CESI等，出具的短路试验报告应提供原版及中文对照版本，并对其准确性负责。

（4）供应商提供的关键原材料、组部件供应商清单须为公司及设备供应商双方确认合格的原材料、组部件供应商。

（5）此外，由设备所属单位委托第三方有资质的检测机构对申报产品电磁线、硅钢片进行材质评估，在评估前供应商应提供相应试验项目的设计值，以便后续对比分析。

（6）变压器型式试验报告、短路试验报告中的委托单位应与产品登记表中的变压器制造单位名称一致，不得使用同一集团内其他制造主体的型式试验报告替代。如公司名称发生变动，应提供有效的工商证明文件。供应商所提供的报告应由申报单位正式盖章，并保证所提交资料的真实性，若有违反按合同处理。

表 2-2　　220kV 变压供应商提交申请材料清单

序号	评估资料名称	序号	评估资料名称
1	变压器技术符合性评估申请表	21	套管选型报告
2	变压器技术符合性评估审查承诺书	22	压力释放阀选型报告
3	审查资料清单	23	铭牌图
4	供应商投标文件	24	相关图纸（整体外形图、升高座图、基础图、线圈图、引线图、铁心图、夹件图、器身图、油箱及箱盖图）
5	基本电气参数表	25	关键原材料及组部件备案提交资料清单
6	供应商产品历史故障自查表	26	关键原材料及组部件供应商审查备案表
7	电场分析报告	27	套管型式试验报告
8	磁场分析报告	28	套管图纸
9	温度场分析报告	29	套管尺寸对比表
10	抗短路能力计算报告（第三方校核报告）及关键工艺措施	30	分接开关型式试验报告
11	雷电、操作冲击波过程计算报告	31	气体继电器型式试验报告
12	过励磁能力计算报告	32	关键原材料及组部件进厂检验方法
13	运行寿命分析报告	33	试验报告审查资料清单
14	抗震计算报告	34	变压器型式试验报告
15	油箱机械强度计算报告	35	型式试验产品与申报产品关键原材料及组部件供应商审查备案表
16	直流偏磁耐受能力计算报告	36	变压器型式试验产品与申报产品一致性对比表
17	过负荷能力计算报告	37	变压器突发短路试验报告
18	噪声计算报告	38	突发短路试验产品与申报产品关键原材料及组部件供应商审查备案表
19	关键工艺说明	39	变压器突发短路试验产品与申报产品一致性对比表
20	分接开关选型报告	40	试验方案

2.3.2 明确变压器现场评审的内容及要求

2.3.2.1 生产制造能力符合性评估

设备制造前，评估组结合设备台账信息收集运检环节供应商产品历史运行问题并反馈给供应商。历史问题应包含故障简况、故障部位、故障原因分析、后续工作建议。供应商在设备制造前，应组织设计、技术、工艺、质检、材料等相关部门对历史问题和设联会纪要进行充分的讨论和分析，针对每一个问题，要有针对性地整改措施。监造单位应对供应商整改情况进行初步审核，确保供应商对所有的历史问题都提出整改措施，对于涉及设备内部结构的整改措施应在设备制造过程中留存体现整改措施的照片、视频，并且明确每一项整改措施的见证方法。

2.3.2.2 出厂试验验证技术符合性评估

设备所属单位结合出厂试验对每台产品开展出厂试验验证技术符合性评估，如发现供应商在出厂试验环节出现弄虚作假的情况，则及时反馈评估组。对于工作重点性能参数出厂试验，由评估组与物资管理、项目建设、监造单位的专家（代表）及供应商共同见证，同时，可根据设备管理需求对空载损耗测量、负载损耗测量、声级测定、温升试验项目开展抽检，抽检时由各省公司自备功率分析仪或声级计在工厂进行试验，供应商负责提供试验所需的其他仪器仪表，并提交第三方校验报告。如果出现抽检结果与供应商试验结果不一致，则判定该申报产品的技术符合性评估不通过，并且可对该供应商的其他产品加大抽检力度。

2.3.3 开发变压器技术符合性评估系统平台

落实设备质量管理工作要求，以技术符合性评估为核心，建立各单位协同办公、供应商沟通反馈的设备技术符合性评估平台。从标准执行、产品设计、出厂试验验证等方面开展技术符合性评估。实现技术符合性评估的协同工作、及时反馈、提质增效，强化设备质量管控力度。

2.3.3.1 构建技术符合性评估系统

为落实国家电网有限公司设备管理工作重点工作任务"深化设备全面质量管理"相关要求，确保各部门工作协同贯通、评估结果客观公正，应成立专业项目组，开发设备技术符合性评估平台，进一步满足相关单位和业务部门的应用要求，解决需求单位多方办公信息掌握不准确、评估工作量大、评估效率与质量不高的问题。

2.3.3.2 搭建可靠稳定的应用架构

按国家电网有限公司设备管理部总体布局搭建技术符合性评估平台，包括基础数据配置、评估申请管理、评估任务管理3项二级功能及13项三级功能模块。为提高技术符合性评估平台的实用性和灵活性，需明确线上与线下内容，以及结构化模块和非结构化模块范围。

2.3.3.3 规范技术符合性评估业务流程

评估业务需求涉及三个阶段，分别是申请阶段、评估阶段和审批及查询阶段，涵盖技术符合性评估申请、评估有效性判断、资料初审、创建评估任务、组建评估组、评估组评估打分、评分结果汇总和评估结果审批，以及信息查询等8个功能流程，用户角色涉及设备部、物资公司、评估组、电科院、供应商。

2.3.4 强化技术符合性评估平台应用落地

（1）协同办公，便捷减负。开发设备技术符合性评估平台，可以规范化评估流程，明确参与各方工作职责，优化管理效率。同时，促进各个角色之间有效合作，使各部门的业务人员和评估组成员各尽其职，提高工作效率。

（2）资料结构化，提质增效。开发设备技术符合性评估平台，将全部申请资料和过程资料录入系统，形成数据库，规范评估流程，评估过程清晰透明。此外，需求单位可以及时掌握、留存过程信息，对各个环节进行有效管理，便于问题追溯，确保公平公正，提升经济效益。

（3）多维分析与融合共享。开发设备技术符合性评估平台，使得数据可以被合理访问，如设备所属单位可以查询事故设备供应商评估资料，便于对供应商事故责任进行分析与认定；物资部门可以查询评估结果并应用于物资质量监督工作，为后续的招标采购策略制定提供参考；供应商也可以结合自身设备的不足，及时改正，引导供应商做好做优产品，不断提高设备质量。

第3章 变压器技术符合性评估工作实施

本章主要阐述了变压器技术符合性评估工作开展的具体实施内容。根据《国家电网有限公司 220 千伏变压器技术符合性评估实施细则》，从供应商申请材料审查、生产制造能力符合性评估和出厂试验技术符合性评估三部分，分别对变压器技术符合性评估业务流程进行详细说明，并列举评估过程中的常见问题、解决方案和改进措施，为相关作业人员提供具体工作参考。

3.1 技术符合性评估工作概况

3.1.1 评估内容

220kV 变压器技术符合性评估工作包括以下内容：

（1）供应商申请。对供应商某型号产品进行技术符合性评估时，应由供应商在产品中标后向物资公司提交申请，提交评估资料、申请表、承诺书等相关材料，申请进行技术符合性评估。

（2）产品技术符合性评估。在制造前对标准执行、设计资料、关键原材料及组部件资料进行审核，在制造过程中对供应商历史问题整改情况、设计联合会响应情况、关键原材料材质情况进行评估和检测，在出厂试验环节复核前期资料、评估供应商生产制造能力、见证出厂试验，并对产品进行技术符合性评分，结果将反馈给物资部门，影响供应商评价和后续物资采购策略。

1）标准执行评估。评估设备产品与技术标准、反措、采购技术规范的符合度，防止供应商盲目响应招标文件内容。

2）设计资料评估。审核设计图纸、设计关键参数表、设计报告、组部件选型报告关键工艺说明等反映供应商产品设计的关键证明材料，选取关键指标开展设计校核，确保产品设计符合技术标准要求。

3）关键原材料及组部件资料评估。抽检评估关键原材料材质，审核关键原材料及组部件的供应商信息、相关检测报告等资料，确保关键原材料及组部件型号、供应商与采购协议一致，性能满足技术标准要求，防止原材料及组部件以次充好。

4）生产制造能力评估。从产品质量保证体系、生产环境条件、外购件质量管控、重要组部件制造能力、设备检验试验能力等方面评估产品质量管控水平。结合出厂试验见证，重点核实历史问题整改与设联会响应情况。

5）出厂试验验证评估。结合设备出厂验收，对必要的试验项目进行见证，并对部分关键试验项目自带仪器开展试验检测，验证相关技术参数是否满足标准要求。

技术符合性评估采用百分制，各部分分值权重见表3-1，达到85分且每个评估项目满足门槛值要求认为技术符合性评估通过，单个项目低于门槛值直接否决。

表 3-1 技术符合性评分

序号	技术符合性评估项目名称	门槛值	分值权重（％）	评分	备注
1	标准执行技术符合性评估（满分100分）	90	5		
2	产品设计资料审核（满分100分）	80	15		
3	同型号产品的试验报告审核（满分100分）	70	10		
4	关键原材料及组部件资料审核（满分100分）	80	5		
5	关键原材料材质评估（满分100分）	80	10		
6	供应商产品质量管控水平评估（满分100分）	80	10		
7	产品历史问题与设联会响应情况评估（满分100分）	80	5		
8	变压器结构一致性评估（满分100分）	95	20		
9	重点性能参数出厂试验（满分100分）	95	20		
	总分		100		

3.1.2 工作方案

220kV变压器由各省公司建立相关能力，经中国电科院评审通过后委托省公司实施开展技术符合性评估工作，各单位职责如下：

（1）省公司评估能力建设。中国电科院组织宣贯培训评估流程和实施细则，明确省公司开展技术符合性评估的资质要求。省公司开展培训、组建本单位评估专家库，并将资质申请报中国电科院备案评审。中国电科院评审后发布具备评估资质的省公司名单，通过资质评审的省公司组织开展本单位220kV变压器技术符合性评估。

（2）中国电科院统筹同一供应商同一设备维度编码首台产品评估工作，综合考虑中标情况，明确该设备维度编码产品首次评估牵头省公司和配合省公司。

（3）各省公司负责收集产品历史运行问题和厂内设计制造问题，在设计联络会上提出设备改进要求。

（4）联合评估专家组依据评估实施细则开展资料评估，联合评估专家组形成资料评估阶段性结果。

（5）联合评估专家组开展现场评估，中国电科院负责结构一致性技术符合性评估。

（6）联合评估专家组综合资料评估和现场评估结果形成同一供应商同一型号产品技术符合性评估结果，加盖牵头省公司公章后报送中国电科院。

（7）中国电科院出具最终技术符合性评估证书和评估报告。

（8）设备所属省公司对该供应商同设备维度编码后续产品开展设计联络会响应情况和出厂试验见证评估，结果报送中国电科院。可抽查其他评估项目，审核后续产品与评估认证报告的一致性，若不一致，将相关情况报送中国电科院，并要求供应商及时整改或重新开展评估。220kV变压器评估总体流程如图3-1所示。

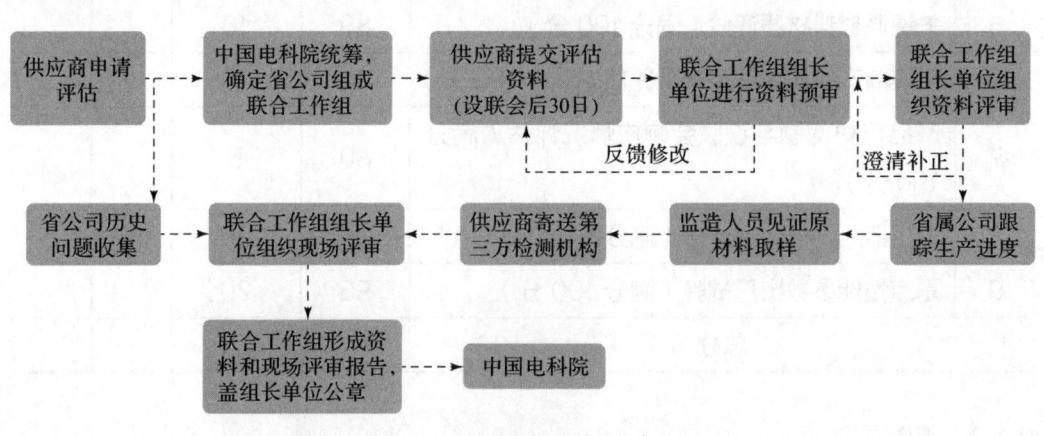

图3-1 220kV变压器评估总体流程

3.1.3 适用设备清单

适用于国家电网有限公司所用的220kV变压器技术符合性评估。根据电压等级、相数、容量、绕组型式、主柱数量、冷却方式、调压方式、电压比、能效等级等九个维度分类，国家电网有限公司已投运设备共233类，占比0.5%以上的共33类，清单见表3-2。若220kV变压器发生重大变更，出现新的主流型号未包含在表3-2中，经国网设备部审核后也可提出评估申请。

表3-2　　220kV变压器型号分类清单

序号	电压等级（kV）	容量（MVA）	绕组型式	冷却方式	调压方式	电压比（kV）	数量（台）	占比
1	220	180	三绕组	自然冷却/油浸自冷（ONAN）	有载调压	220/110/10	1130	14.40%
2	220	180	三绕组	自然冷却/油浸自冷（ONAN）	有载调压	220/110/35	942	12.00%
3	220	180	三绕组	自然油循环风冷（ONAF）	有载调压	220/110/10	573	7.30%
4	220	180	三绕组	自然油循环风冷（ONAF）	有载调压	220/110/35	437	5.57%
5	220	240	三绕组	自然油循环风冷（ONAF）	有载调压	220/110/10	388	4.94%
6	220	240	三绕组	自然油循环风冷（ONAF）	有载调压	220/110/35	385	4.91%
7	220	240	三绕组	自然冷却/油浸自冷（ONAN）	有载调压	220/110/35	233	2.97%
8	220	150	三绕组	自然油循环风冷（ONAF）	有载调压	220/110/35	201	2.56%

续表

序号	电压等级（kV）	容量（MVA）	绕组型式	冷却方式	调压方式	电压比（kV）	数量（台）	占比
9	220	180	自耦	自然冷却/油浸自冷（ONAN）	有载调压	220/110/35	190	2.42%
10	220	180	自耦	自然油循环风冷（ONAF）	无励磁调压	220/110/35	176	2.24%
11	220	150	三绕组	自然油循环风冷（ONAF）	有载调压	220/110/10	170	2.17%
12	220	240	三绕组	自然冷却/油浸自冷（ONAN）	有载调压	220/110/10	165	2.10%
13	220	180	自耦	自然冷却/油浸自冷（ONAN）	有载调压	220/110/10	161	2.05%
14	220	180	双绕组	自然冷却/油浸自冷（ONAN）	有载调压	220/无/66	116	1.48%
15	220	120	三绕组	自然油循环风冷（ONAF）	有载调压	220/110/10	110	1.40%
16	220	150	三绕组	自然冷却/油浸自冷（ONAN）	有载调压	220/110/10	105	1.34%
17	220	180	三绕组	自然油循环风冷（ONAF）	无励磁调压	220/110/35	97	1.24%
18	220	240	三绕组	自然冷却/油浸自冷（ONAN）	无励磁调压	220/110/35	95	1.21%

续表

序号	电压等级（kV）	容量（MVA）	绕组型式	冷却方式	调压方式	电压比（kV）	数量（台）	占比
19	220	180	自耦	自然冷却/油浸自冷（ONAN）	无励磁调压	220/110/35	86	1.10%
20	220	180	自耦	自然油循环风冷（ONAF）	有载调压	220/110/10	78	0.99%
21	220	120	三绕组	自然冷却/油浸自冷（ONAN）	有载调压	220/110/10	74	0.94%
22	220	180	双绕组	自然油循环风冷（ONAF）	有载调压	220/无/66	70	0.89%
23	220	180	三绕组	自然冷却/油浸自冷（ONAN）	有载调压	220/66/10	70	0.89%
24	220	240	自耦	自然冷却/油浸自冷（ONAN）	有载调压	220/110/10	63	0.80%
25	220	150	三绕组	自然冷却/油浸自冷（ONAN）	有载调压	220/110/35	61	0.78%
26	220	120	三绕组	自然油循环风冷（ONAF）	有载调压	220/110/35	61	0.78%
27	220	180	自耦	自然油循环风冷（ONAF）	有载调压	220/110/35	54	0.69%
28	220	180	三绕组	自然油循环风冷（ONAF）	有载调压	220/66/10	48	0.61%

续表

序号	电压等级（kV）	容量（MVA）	绕组型式	冷却方式	调压方式	电压比（kV）	数量（台）	占比
29	220	120	双绕组	自然冷却/油浸自冷（ONAN）	有载调压	220/无/66	47	0.60%
30	220	150	自耦	自然油循环风冷（ONAF）	有载调压	220/110/35	43	0.55%
31	220	120	三绕组	自然冷却/油浸自冷（ONAN）	有载调压	220/110/35	42	0.54%
32	220	240	自耦	自然冷却/油浸自冷（ONAN）	无励磁调压	220/110/35	40	0.51%
33	220	240	自耦	自然油循环风冷（ONAF）	有载调压	220/110/10	40	0.51%
34	220			其他			1298	16.54%
合计							7849	100%

3.1.4 评估依据

下列文件对于本细则的应用是必不可少的。凡是注日期的引用文件，仅注日期的版本适用于本细则。凡是不注日期的引用文件，其最新版本（包括所有的修改单）适用于本细则。

GB/T 228.1　金属材料拉伸试验　第1部分：室温试验方法

GB/T 311.1　绝缘配合　第1部分：定义、原则和规则

GB/T 1094.1　电力变压器　第1部分：总则

GB/T 1094.2　电力变压器　第2部分：液浸式变压器的温升

GB/T 1094.3　电力变压器　第3部分：绝缘水平、绝缘试验和外绝缘空气间隙

第3章 变压器技术符合性评估工作实施

GB/T 1094.4　电力变压器　第4部分：电力变压器和电抗器的雷电冲击和操作冲击试验导则

GB/T 1094.5　电力变压器　第5部分：承受短路的能力

GB/T 1094.7　电力变压器　第7部分：油浸式电力变压器负载导则

GB/T 1094.10　电力变压器　第10部分：声级测定

GB/T 1094.101　电力变压器　第10.1部分：声级测定应用导则

GB/T 1094.18　电力变压器　第18部分：频率响应测量

GB/T 2522　电工钢带（片）涂层绝缘电阻和附着性测试方法

GB/T 3655　用爱泼斯坦方圈测量电工钢片（带）磁性能的方法

GB_T 4074.1　绕组线试验方法　第1部分：一般规定

GB/T 4074.3　绕组线试验方法　第3部分：机械性能

GB/T 4109　交流电压高于1000V的绝缘套管

GB/T 6451　油浸式电力变压器技术参数和要求

GB/T 7354　高电压试验技术　局部放电测量

GB/T 10230.1　分接开关　第1部分：性能要求和试验方法

GB/T 10230.2　分接开关　第2部分：应用导则

GB/T 13026　交流电容式套管型式与尺寸

GB/T 13499　电力变压器应用导则

GB/T 16927.1　高压试验技术　第1部分：一般定义及试验要求

GB/T 16927.2　高压试验技术　第2部分：测量系统

GB/T 17468　电力变压器选用导则

GB/T 19289　电工钢带（片）的电阻率、密度和叠装系数的测量方法

DL/T 1387　电力变压器用绕组线选用导则

DL/T 1388　电力变压器用电工钢带选用导则

DL/T 1538　电力变压器用真空有载分接开关使用导则

DL/T 1539　电力变压器（电抗器）用高压套管选用导则

DL/T 1799　电力变压器直流偏磁耐受能力试验方法

DL/T 1806　油浸式电力变压器用绝缘纸板及绝缘件选用导则

JB/T 3837　变压器类产品型号编制方法

JB/T 5347　变压器用片式散热器

JB/T 6484　变压器用储油柜

JB/T 6758.1　换位导线　第1部分：一般规定

JB/T 7065　变压器用压力释放阀

JB/T 8315　变压器用强迫油循环风冷却器

JB/T 8318　变压器用成型绝缘件技术条件

JB/T 9642　变压器用风扇

JB/T 9647　变压器用气体继电器

JB/T 10088　6kV～1000kV级电力变压器声级

JB/T 10112　变压器用油泵

JB/T 10319　变压器用波纹油箱

YB/T 4292　电工钢带（片）几何特性测试方法

Q/GDW 13008　220kV三相双绕组电力变压器采购标准

Q/GDW 13009　220kV三相三绕组电力变压器采购标准

国家电网设备〔2018〕979号 国家电网有限公司十八项电网重大反事故措施（修订版）

IEC 60137-2017 Insulated bushings for alternating voltages above 1000V

3.1.5　相关要求

3.1.5.1　廉政纪律和要求

（1）严格依据变压器技术符合性评估实施细则开展评估，求真务实、公平公正。

（2）严禁评估过程中个人与供应商人员单独接触。

（3）严禁超标准住宿、餐饮、交通。

（4）严禁索取、接受待评估供应商的财物。

（5）严禁接受可能影响评估工作的礼品、宴请、娱乐等活动安排。

3.1.5.2　保密工作和要求

（1）人员保密方面：评审前专家签订保密协议，强调保密纪律，按照评标模式在封闭场地开展工作。

（2）资料保密方面：由纸质资料评审向电子化评审过渡，纸质资料在完成评审后

第3章 变压器技术符合性评估工作实施

全部回收，电子资料采取安全认证和数据传输物理隔离，防止盗取或泄露。

（3）现场评审保密方面：要经过供应商同意方可拍照。

3.2 供应商申请资质材料审查

3.2.1 工作目标

供应商申请资质材料审查环节的主要工作目标是由设备所属省公司成立的评估专家组对供应商提供的评审资料格式、内容完整性进行审查，并督促供应商完善资料。

3.2.2 评审方案

产品中标后，供应商根据供货安排提交技术符合性评估申请。国网物资公司接收供应商提交的评估申请及评估资料，并将相关材料移交中国电科院、设备所属省公司；设备所属省公司开展资料预审、成立评估专家组、收集运检环节供应商产品历史运行问题、组织专家组召开评估资料评审会、编写资料评估报告并报送中国电科院。

（1）评估单元：变压器技术符合性评估单元划分以设备维度编码为唯一标识，设备维度编码一致的产品只进行一次资料评审。

（2）统计梳理评估申请表：收到供应商提交的评估申请表，统计同一中标批次同一供应商同一设备维度编码的设备数量和所属省公司数量，有利于制订后续产品评审计划。

（3）资料预审：收到评估资料后，进行资料预审，保证评估资料完整，无明显问题。

（4）资料保密：资料评审会上，强调资料保密性，专家签署保密协议。

（5）专家任务分工：同一次资料评审会，设置组长1名，按照标准执行、产品设计、同型号产品试验报告、关键原材料及组部件各设置2名专家，保证评分尺度尽量一致。

（6）现场澄清：资料评审时设置供应商现场答疑环节，供应商派技术人员在固定区域等候，现场澄清资料评审问题，提高评审质量和效率。

（7）形成资料评估报告及分数：资料评审后形成资料评审报告，按照标准报告模板编写，包含扣分项的证明材料。

资料评审评分以资料澄清后的情况核算分数，为最终分数。

资料评审总体流程如图 3-2 所示。

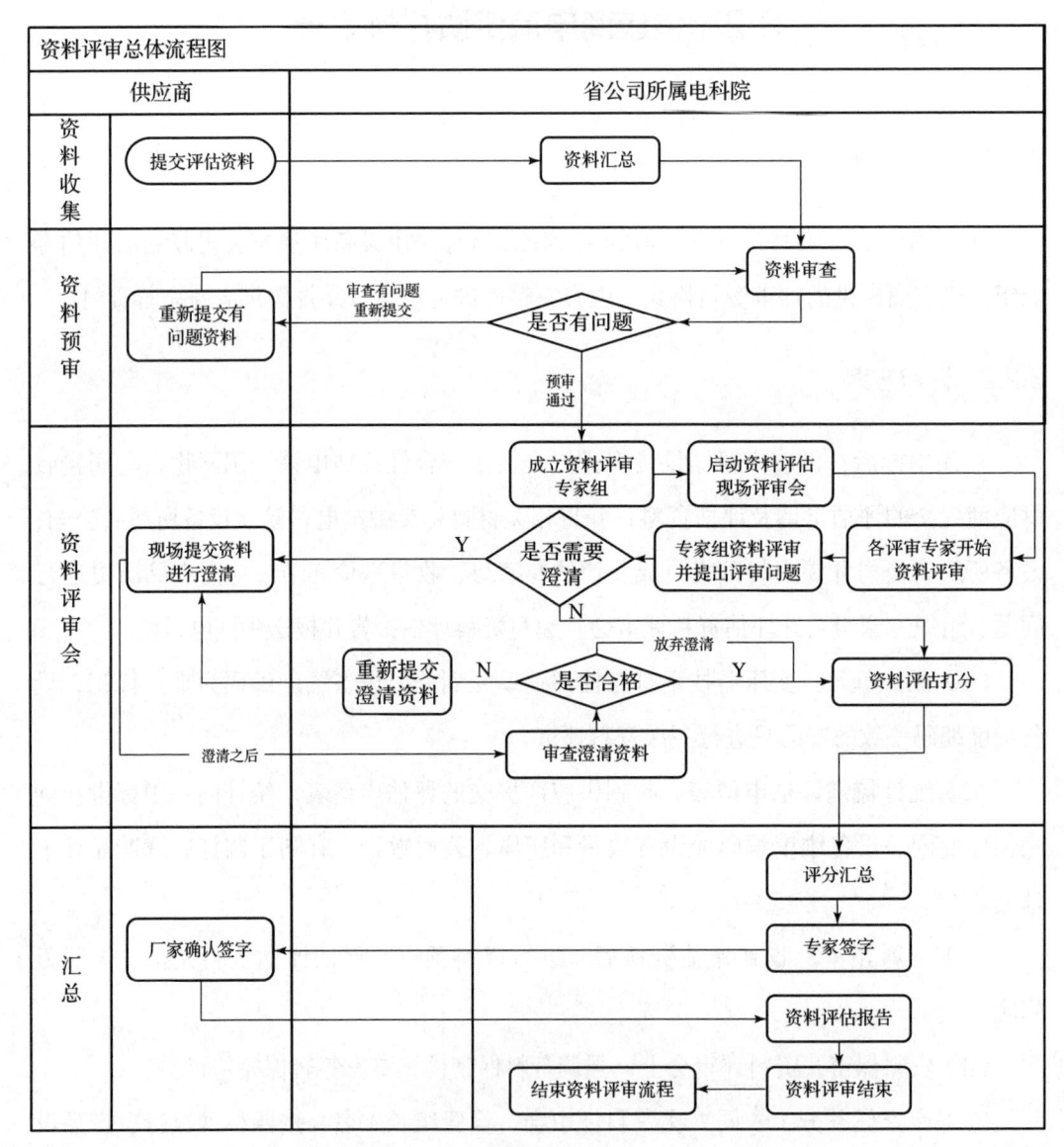

图 3-2 资料评审总体流程图

3.2.3 供应商需提交的材料

对供应商某型号产品进行技术符合性评估时，应由供应商在产品中标后向物资公司提交申请，提交申请表、承诺书、评估资料等相关材料，申请技术符合性评估。供应商向物资公司提交的评审资料主要包括以下五部分：

（1）基本技术资料 7 项。

（2）电、磁、热等仿真计算报告 12 项。

（3）关键组部件试验报告项 9 项。

（4）型式试验报告及短路承受能力报告 6 项。

（5）其他资料 9 项。

供应商向物资公司提交的评审资料共计 43 项，明细见表 3-3。

表 3-3　　　　　　　　供应商提交申请材料列表

序号	文件名	文件格式	标准型式
1	变压器技术符合性评估申请表	盖章 PDF 版	附录 A
2	参加国家电网有限公司设备技术符合性评估承诺书	盖章 PDF 版	附录 B
3	供应商提交资料清单	盖章 PDF 版	附录 C
4	供应商投标文件	盖章 PDF 版	投标文件（应包含技术特性参数表）
5	采购技术协议	盖章 PDF 版	正式签订版
6	基本电气参数表	Excel 及盖章 PDF 版	附录 D
7	供应商产品历史故障自查表	Excel 及盖章 PDF 版	附录 E
8	电场分析报告	Word 及盖章 PDF 版	填写要求见附录 F
9	磁场分析报告	Word 及盖章 PDF 版	填写要求见附录 F
10	温度场分析报告	Word 及盖章 PDF 版	填写要求见附录 F
11	抗短路能力第三方校核报告	Word 及盖章 PDF 版	填写要求见附录 F
12	波过程计算报告	Word 及盖章 PDF 版	填写要求见附录 F
13	过励磁能力计算报告	Word 及盖章 PDF 版	填写要求见附录 F
14	运行寿命分析报告	Word 及盖章 PDF 版	填写要求见附录 F
15	抗震计算报告	Word 及盖章 PDF 版	填写要求见附录 F
16	油箱机械强度计算报告	Word 及盖章 PDF 版	填写要求见附录 F
17	直流偏磁耐受能力计算报告	Word 及盖章 PDF 版	填写要求见附录 F

续表

序号	文件名	文件格式	标准型式
18	过负荷能力计算报告	Word 及盖章 PDF 版	填写要求见附录 F
19	噪声计算报告	Word 及盖章 PDF 版	填写要求见附录 F
20	关键工艺说明	Word 及盖章 PDF 版	填写要求见附录 F
21	分接开关选型报告	Word 及盖章 PDF 版	填写要求见附录 F
22	套管选型报告	Word 及盖章 PDF 版	填写要求见附录 F
23	压力释放阀选型报告	Word 及盖章 PDF 版	填写要求见附录 F
24	气体继电器选型报告	Word 及盖章 PDF 版	填写要求见附录 F
25	外形图	盖章 PDF 版	工程制图标准
26	关键原材料及组部件供应商审查备案表	正式盖章版	附录 G
27	套管型式试验报告	正式盖章版	无
28	套管图纸	正式盖章版	工程制图
29	套管尺寸表	正式盖章版	附录 H
30	分接开关型式试验报告	正式盖章版	无
31	气体继电器型式试验报告	正式盖章版	无
32	压力释放阀型式试验报告	正式盖章版	无
33	绝缘纸板、绝缘件型式试验报告	正式盖章版	无
34	关键原材料及组部件进厂检验方法	正式盖章版	无
35	变压器型式试验报告（包含例行、型式、特殊试验）	盖章 PDF 版	无
36	型式试验产品与申报产品关键原材料及组部件供应商审查备案表	Word 及盖章 PDF 版	附录 I
37	型式试验产品与申报产品一致性对比表	Excel 及盖章 PDF 版	附录 J
38	变压器短路承受能力试验报告	盖章 PDF 版	无

续表

序号	文件名	文件格式	标准型式
39	短路承受能力试验产品与申报产品关键原材料及组部件供应商审查备案表	Word 及盖章 PDF 版	附录 K
40	变压器短路承受能力试验产品与申报产品一致性对比表	Excel 及盖章 PDF 版	附录 L
41	申报产品试验方案	Word 及盖章 PDF 版	无
42	原材料参数设计值	Word 及盖章 PDF 版	见表 3-12
43	本体和关键组部件说明书	Word 及盖章 PDF 版	无

3.2.4 技术符合性评估标准

标准执行技术符合性评估环节主要核查供应商提交的投标文件、相关图纸及计算报告，针对短路阻抗允许偏差、局部放电水平等审查项目，依据审查标准及评分细则，逐项打分。供应商应提供投标文件及其他能反映标准执行的材料，评估要求与评分依据见表 3-4。

表 3-4　　标准执行技术符合性评估要求与评分细则

| 标准执行 | 申报型号编号 | | 申报供应商 | | | |
	申报设备型号		审查地点			
序号	审查项目	审查标准	审查方式及评分细则	分值	得分	扣分原因
1	短路阻抗允许偏差	（1）主分接的短路阻抗允许偏差（全容量下）允许偏差（%）： 高压—中压：±3 高压—低压：±5 中压—低压：±5 （2）最大和最小分接的短路阻抗允许偏差（%）： 高压—中压：±7.5 高压—低压：±10 （如用户有特殊要求，应以用户要求为准）	审查方式：核查供应商投标文件。 评分细则：满分 15 分，全部满足得 15 分，一处不满足要求扣 3 分，扣完为止	15		

续表

序号	审查项目	审查标准	审查方式及评分细则	分值	得分	扣分原因
2	局部放电水平	在 $1.58U_r/\sqrt{3}$ kV 试验电压下，高压绕组、中压绕组局部放电水平应不大于 100pC	审查方式：核查供应商投标文件。 评分细则：满分 20 分，不满足要求扣 20 分	20		
3	非电量保护装置	变压器本体应采用双浮球并带挡板结构的气体继电器	审查方式：核查供应商投标文件及相关图纸。 评分细则：满分 5 分，不满足扣 5 分	5		
4	套管	高压套管在 $1.5U_m/\sqrt{3}$ kV 下局部放电水平应低于 10pC。套管的介质损耗因数应小于等于 0.4%	审查方式：核查供应商投标文件及计算报告。 评分细则：满分 10 分，不满足要求扣 10 分	10		
5	分接开关	无励磁分接开关机械寿命，在触头不带电且分接全部范围都用上的情况下进行 2000 次分接变换操作；在配置合适的电动机构的无励磁分接开关应进行 20000 次操作。有载分接开关机械寿命应不少于 50 万次分接变换操作，转换选择器至少应进行 5 万次操作。有载分接开关电气寿命，对于非真空型有载分接开关电气寿命不小于 20 万次；对于真空型有载分接开关电气寿命不小于分接开关制造方使用说明书中规定的在维修间隔内 1.2 倍的分接变换操作次数，且不小于 20 万次。机械寿命不小于 80 万次	审查方式：核查供应商投标文件。 评分细则：满分 10 分，不满足要求扣 2 分	10		

续表

序号	审查项目	审查标准	审查方式及评分细则	分值	得分	扣分原因
6	直流偏磁耐受能力	铁心结构为三相五柱的变压器每相高压绕组至中性点应满足在至少4A直流偏磁电流作用下的耐受要求：变压器在额定负荷下长时间运行（此条不适用于铁心结构为三相三柱的变压器）	审查方式：核查直流偏磁耐受能力计算报告。评分细则：满分10分，全部满足得10分，不满足不得分	10		
7	过励磁能力	（1）在设备最高电压规定值内，当电压与频率之比超过额定电压与额定频率之比，但不超过5%的"过励磁"时，变压器应能在额定容量下连续运行而不损坏。（2）空载时，变压器应能在电压与频率之比为110%的额定电压与额定频率之比下连续运行	审查方式：核查过励磁能力计算报告。评分细则：每条5分，满分10分，全部满足得10分，不满足则扣减相应分数	5 5		
8	其他	其他标准	如有其他违反反措、标准、规范的情况，按其轻重缓急，由专家组酌情扣分	20		
总分				100		
审查人			审查时间	年 月 日		

审核结束后，专家组总结标准执行审核情况，对标准执行进行评分。

3.2.5 产品设计技术符合性评估

资料评审中的产品设计技术符合性评估环节，一方面，对产品设计资料进行审核。针对基本电气参数表、供应商产品历史故障自查表等审查项目，依据审核标准要求和评分原则，对产品设计资料进行审查；另一方面，对同型号产品的试验报告进行核查。

依据审核标准要求和评分原则，对同型号产品资料进行审查。产品设计技术符合性评估情况，由这两方面总分值决定。

3.2.5.1 产品设计资料审核

专家组在资料审核阶段审核产品设计资料，包含设计图纸、设计关键参数表、设计报告、组部件选型报告、关键工艺说明等能反映供应商产品设计的关键证明材料。

（1）产品设计资料清单。供应商需提供的产品设计资料清单见表3-5。

表3-5　　　　　　　　产品设计资料清单

序号	审核方式	文件名称	文件格式	标准型式
1	判断	※供应商提交资料清单	盖章PDF版	附录C
2	审查	※基本电气参数表	Excel及盖章PDF版	附录D
3	审查	※供应商产品历史故障自查表	Excel及盖章PDF版	附录E
4	备案	电场分析报告	Word及盖章PDF版	填写要求见附录F
5	备案	磁场分析报告	Word及盖章PDF版	填写要求见附录F
6	备案	温度场分析报告	Word及盖章PDF版	填写要求见附录F
7	判断	抗短路能力第三方校核报告	Word及盖章PDF版	填写要求见附录F
8	备案	雷电、操作冲击波过程计算报告	Word及盖章PDF版	填写要求见附录F
9	判断	过励磁能力计算报告	Word及盖章PDF版	填写要求见附录F
10	判断	运行寿命分析报告	Word及盖章PDF版	填写要求见附录F
11	备案	抗震计算报告	Word及盖章PDF版	填写要求见附录F
12	审查	油箱机械强度计算报告	Word及盖章PDF版	填写要求见附录F
13	判断	直流偏磁耐受能力计算报告	Word及盖章PDF版	填写要求见附录F
14	判断	过负荷能力计算报告	Word及盖章PDF版	填写要求见附录F
15	判断	噪声计算报告	Word及盖章PDF版	填写要求见附录F
16	判断	关键工艺说明	Word及盖章PDF版	填写要求见附录F

第3章 变压器技术符合性评估工作实施

续表

序号	审核方式	文件名称	文件格式	标准型式
17	审查	分接开关选型报告	Word及盖章PDF版	填写要求见附录F
18	审查	套管选型报告	Word及盖章PDF版	填写要求见附录F
19	审查	压力释放阀选型报告	Word及盖章PDF版	填写要求见附录F
20	审查	气体继电器选型报告	Word及盖章PDF版	填写要求见附录F
21	判断	外形图	盖章PDF版	工程制图标准

（2）产品设计资料分值。产品设计资料各部分分值分配与评分原则见表3-6。

表3-6 产品设计资料分值

序号	审核方式	文件名称	分值	评分原则	扣分原因
1	审查	基本电气参数表	10	细则见表3-5	
2	审查	供应商产品历史故障自查表	10	细则见表3-5	
3	判断	抗短路能力第三方校核报告	10	由国家电网有限公司认可的校核机构校核合格的报告得10分	
4	审查	油箱机械强度计算报告	10	细则见表3-5	
5	审查	套管选型报告	10	细则见表3-5	
6	审查	压力释放阀选型报告	5	细则见表3-5	
7	审查	气体继电器选型报告	5	细则见表3-5	
8	审查	分接开关选型报告	10	细则见表3-5	
9	判断、备案	其余资料	30	不满足附录F要求或者标准型式要求，每项资料扣3分，扣完为止	
		合计	100	—	

（3）产品设计资料审核要求。对于该部分的所有资料，提出以下通用要求：

1）一致性方面。供应商提供的产品设计资料应为该评估产品的相关资料，若图纸资料所示参数、型号与该评估产品不一致，则可判断本次技术符合性评估申请无效，无需继续进行后续审查。

2）完整性方面。产品设计资料清单中的相关资料应完整提供，且每项资料填写应完整。

3）有效性方面。图纸至少应有编制、校核和批准的三级审核程序并签字或盖章。所有报告应由申报单位正式盖章。

产品设计资料审核方式为"审查"的专项要求及评分细则见表3-7。

表3-7　　　　　　　产品设计资料审查专项要求及评分细则

基本信息	申报型号编号		申报供应商			
	申报设备型号		审查地点			

序号	审查项目	审查标准	审查方式及评分细则	分值	得分	扣分原因
1	基本电气参数表	（1）变压器的各侧额定电压、额定容量应符合技术协议要求；如无技术协议，应符合投标文件及设计联络会纪要要求。 （2）变压器额定分接、最大分接和最小分接的高压—中压、中压—低压的短路阻抗及偏差应符合技术协议要求；如无技术协议，应符合投标文件及设计联络会纪要要求。 （3）变压器冷却方式应符合技术协议要求；如无技术协议，应符合投标文件及设计联络会纪要要求。 （4）变压器的顶层油、绕组（平均）、绕组（热点）、油箱铁心及金属结构件表面的温升应符合技术协议要求；如无技术协议，应符合投标文件及设计联络会纪要要求	审查方式：查阅资料。 评分细则：满分10分，全部满足得10分，任意一条不满足认定为技术符合性评估不通过	10		

续表

序号	审查项目	审查标准	审查方式及评分细则	分值	得分	扣分原因
2	供应商产品历史故障自查表	（1）变压器本体及组部件历史故障信息全面、完整、准确。 （2）历史故障原因分析全面、深入。 （3）相应的整改措施能避免类似故障再次发生	审查方式：查阅资料。 评分细则：满分10分，全部满足得10分，任意一条不满足则扣减相应分数	3 3 4		
3	油箱机械强度计算报告	（1）报告应为专业软件仿真计算，非理论估算。 （2）油箱机械强度分析应包含正压力为0.1MPa和真空度为133Pa工况。 （3）油箱机械强度分析应包含箱壁机械强度和变形量。 （4）详细说明加强油箱机械强度所采取的措施。 （5）防爆分析及针对性措施	审查方式：查阅资料。 评分细则：满分10分，全部满足得10分，每条2分，任意一条不满足则扣减相应分数	2 2 2 2 2		
4	套管选型	（1）套管爬距（标准爬距乘以直径系数K_d，mm）、干弧距离（应乘以海拔修正系数K_H，mm）应符合技术协议要求。 （2）新采购油纸电容套管在最低环境温度下不应出现负压。生产厂家应明确套管最大取油量，避免因取油样而造成负压。 （3）220kV变压器高压套管宜采用导杆式结构；采用穿缆式结构套管时，其穿缆引出头处密封结构应为压密封	审查方式：查阅资料。 评分细则：满分10分，全部满足得10分，任意一条不满足则扣减相应分数	2 2 2		

续表

序号	审查项目	审查标准	审查方式及评分细则	分值	得分	扣分原因
4	套管选型	（4）套管接线端子的含铜量不低于80%。		2		
		（5）应包含供应商在使用该型号套管时，由套管问题或套管与本体连接问题引起的设备故障自查表		2		
5	压力释放阀选型报告	（1）供应商应提供自身产品的压力释放阀动作性能（当释放阀开启后，信号触点应可靠地切换并自锁，手动复位）、密封性能、排量性能、500次动作可靠性、信号开关触点容量、信号开关绝缘性能、密封圈耐油及耐老化性能、外观要求、外壳防护性能、防潮、防盐雾和防霉菌的要求、抗振动能力等相应数据材料。	审查方式：查阅资料。评分细则：满分5分，全部满足得5分，任意一条不满足则扣减相应分数	1		
		（2）压力释放阀的开启压力应符合技术协议要求。		1		
		（3）压力释放阀应能承受133Pa真空度，持续10min，其泄漏率不应超过1.33Pa·L/s，其结构件不应有永久变形和损坏。		0.5		
		（4）压力释放阀关闭时，向释放阀施加规定的密封压力值的静压，历时2h，应无渗漏。		0.5		
		（5）压力释放阀信号开关触点间及导电部分对地之间应能承受2kV的工频电压，历时1min，不应出现闪络、击穿现象。		0.5		

续表

序号	审查项目	审查标准	审查方式及评分细则	分值	得分	扣分原因
5	压力释放阀选型报告	（6）压力释放阀在振动频率为4~20Hz（正弦波）、加速度为2~4时，在 X 轴、Y 轴、Z 轴三个方向各试1min，开关接点不应动作。		0.5		
		（7）应包含压力释放阀数量及布置的设计说明。		0.5		
		（8）报告中应包含供应商在使用该型号压力释放阀时由压力释放阀问题引起的设备故障自查表		0.5		
6	气体继电器选型报告	（1）检查确认气体继电器的制造厂、型号规格、管径与技术协议、设计图纸一致。	审查方式：查阅资料。 评分细则：全部满分10分，任意一条不满足则扣减相应分数	3		
		（2）气体继电器流速整定应有选用原则，综合考虑管径、储油柜高度等因素。		2		
		（3）25型气体继电器内积聚气体体积达到200~250mL时，气体信号节点应可靠动作；50型或80型气体继电器内积聚气体体积达到250~300mL时，气体信号节点应可靠动作。气体继电器应满足现场变压器带气体继电器做真空注油要求。		3		
		（4）报告中应包含供应商在使用该型号气体继电器时，由气体继电器误动、拒动以及气体继电器本身发生故障引起的变压器故障自查表		2		

续表

序号	审查项目	审查标准	审查方式及评分细则	分值	得分	扣分原因
7	分接开关选型报告	（1）检查确认分接开关的制造厂和开关型号规格，与技术协议一致。核实分接开关的额定绝缘水平、额定通过电流、额定级电压、挡位数等满足该申报产品的技术协议要求。	审查方式：查阅资料。 评分细则：满分5分，全部满足得5分，任意一条不满足则扣减相应分数	0.5		
		（2）报告中应包含供应商在使用该型号分接开关时，由分接开关问题或分接开关与本体连接问题引起的设备故障自查表。		0.5		
		（3）无励磁分接开关型式试验报告应包含触头温升试验、短路电流试验、机械试验、绝缘试验；出厂试验报告应包含机械试验、绝缘试验、压力及真空试验。有载分接开关型式试验报告应包含触头温升试验、切换试验、短路电流试验、过渡阻抗试验、机械试验、密封试验、绝缘试验；出厂试验报告应包含机械试验、顺序试验、绝缘试验、压力及真空试验。		1		
		（4）油浸非真空式有载分接开关应选用油流速动继电器，不应采用具有气体报警（轻瓦斯）功能的气体继电器。油浸真空式有载分接开关应选用具有油流速动、气体报警（轻瓦斯）功能的气体继电器。新安装的油浸真空式有载分接开关，应选用具有集气盒的气体继电器。满足该条款得1分。		2		

续表

序号	审查项目	审查标准	审查方式及评分细则	分值	得分	扣分原因
7	分接开关选型报告	气体继电器采用全绝缘干簧管脚结构产品（全绝缘指干簧管尾部管脚引出至接线部位均有绝缘包扎，未裸露在外），满足该条款得1分。				
		（5）无励磁分接开关或电动机构应有限位装置，分接开关电动机构箱应符合规定的IP44等级或者协议更高要求。		0.5		
		（6）有载开关应结合运维策略考虑在极寒（-25℃）条件下配置防冻措施		0.5		
审查人			审查时间	年 月 日		

3.2.5.2 同型号产品的试验报告审核

专家组在资料审核阶段审核相关试验资料，包括与申报产品相同或相似型号产品的型式试验报告、变压器短路承受能力试验报告（如有）、申报产品出厂试验方案等。通过审核型式试验产品、短路承受能力试验产品与申报产品的相似程度以及申报产品的出厂试验方案来验证产品设计的合理性、安全性。

（1）同型号产品的试验报告审核资料清单。同型号产品的试验报告审核资料清单见表3-8。

表3-8　　同型号产品的试验报告审核资料列表

序号	审核方式	对象	文件名	文件格式	标准型式
1	判断	—	试验报告审查资料清单	盖章PDF版	附录C
2	判断	型式试验产品	变压器型式试验报告	盖章PDF版	无
3	备案	型式试验产品	关键原材料及组部件供应商审查备案表	Word及盖章PDF版	附录I

续表

序号	审核方式	对象	文件名	文件格式	标准型式
4	判断	型式试验产品与申报产品	变压器型式试验产品与申报产品一致性对比表	Excel及盖章PDF版	附录J
5	审查	短路承受能力试验产品	变压器短路承受能力试验报告	盖章PDF版	无
6	备案	短路承受能力试验产品	关键原材料及组部件供应商审查备案表	Word及盖章PDF版	附录K
7	判断	短路承受能力试验产品与申报产品	变压器短路承受能力试验产品与申报产品一致性对比表	Excel及盖章PDF版	附录J
8	判断	申报产品	试验方案	Word及盖章PDF版	无

（2）同型号产品的试验报告审核资料分值。同型号产品的试验报告各部分分值分配与评分原则见表3-9。

表3-9　　　　同型号产品的试验报告审核资料分值

序号	审核方式	文件名称	分值	评分原则	得分	扣分原因
1	判断、备案	变压器型式试验报告、型式试验产品与申报产品关键原材料及组部件供应商审查备案表、变压器型式试验产品与申报产品一致性对比表	50	（1）供应商应提供变压器第三方型式试验报告，且试验依据应为现行标准。型式试验产品与申报品类电压等级、绕组型式两要素有一项不同，归级为相似度差，不能代表申报产品，评20分以下，依据要素匹配度及型式试验报告质量进行酌情打分。 （2）型式试验产品与申报品类满足（1）中两要素，但冷却方式和调压方式两要素有一项不同，归级为相似度一般，能够一定程		

第 3 章　变压器技术符合性评估工作实施

续表

序号	审核方式	文件名称	分值	评分原则	得分	扣分原因
1	判断、备案	变压器型式试验报告、型式试验产品与申报产品关键原材料及组部件供应商审查备案表、变压器型式试验产品与申报产品一致性对比表	50	度上代表申报产品，评 20~39 分，依据要素匹配度及型式试验报告质量进行酌情打分。 （3）型式试验产品与申报品类上述四要素完全匹配，容量低于申报品类，归级为相似度一般，进行酌情打分；容量高于或等于申报品类，归级为相似度高，能够较好地代表申报产品，评 40~50 分，依据型式试验报告质量酌情打分。 （4）型式试验报告中检验依据有一项标准作废，扣 2 分		
2	判断	试验方案	30	从试验名称规范、项目齐全、试验接线及参数完整等方面酌情评分		
3	审查	变压器短路承受能力试验报告、短路承受能力试验产品与申报产品关键原材料及组部件供应商审查备案表、变压器短路承受能力试验产品与申报产品一致性对比表	20	（1）变压器短路承受能力试验报告应由有资质的第三方机构出具，国外机构（如 KEMA，CESI 等）出具的短路试验报告提供原版及中文对照版本，并对其准确性负责，评分 2.5 分。		

续表

序号	审核方式	文件名称	分值	评分原则	得分	扣分原因
3	审查	变压器短路承受能力试验报告、短路承受能力试验产品与申报产品关键原材料及组部件供应商审查备案表、变压器短路承受能力试验产品与申报产品一致性对比表	20	（2）短路承受能力试验结果应满足相关技术规范的要求，应包括中低压工况试验结果，评分2.5分。 （3）变压器短路承受能力试验产品与申报产品一致性对比： 1）变压器短路承受能力试验产品电压等级、绕组型式、电压比三要素不匹配，或无变压器突发短路试验报告，归级为似度差，不能代表申报产品，评分5以下； 2）变压器短路承受能力试验产品与申报产品电压等级、绕组型式、电压比三要素匹配，容量小于申报品类，归级为相似度一般，能够一定程度上代表申报产品，评分5~10分； 3）变压器短路承受能力试验产品与申报产品满足上述四要素，归级为相似度高，能够较好地代表申报产品，评分10~15分		
	合计		100			

（3）同型号产品资料审核要求。

对于该部分的所有资料，提出以下通用要求：

1）一致性方面。核实申报产品与型式试验产品、变压器短路承受能力试验产品的相似程度。变压器短路承受能力试验报告中的委托单位应与产品登记表中的变压器制造单位名称一致，不得使用同一集团内其他制造主体的试验报告替代。如公司名称发生变动，应提供有效的工商证明文件。

2）完整性方面。同型号产品的试验报告资料清单中的相关资料（短路承受能力试验报告不强制要求）应完整提供，且每项资料填写完整。变压器型式试验报告中的试验项目应包括 GB/T 1094.1 规定的例行试验项目、型式试验项目和国家电网有限公司 220kV 变压器采购标准中规定试验项目。

3）有效性方面。所有资料应由申报单位正式盖章。变压器型式试验报告应明确被试品的基本参数，由获得 CNAS 认可的试验室或机构出具。

3.2.5.3 产品设计技术符合性评分

审核结束后，专家组总结设计资料和设计试验验证审核情况，对产品设计进行评分，形成"产品设计技术符合性审核作业表"，见附录 L。

3.2.6 关键原材料及组部件技术符合性评估

资料评审中的关键原材料及组部件技术符合性评估环节，依据评审标准要求和评分原则，对关键原材料及组部件资料进行评分，对申报产品在设计联络会对原材料组部件有变更的情况，供应商清单应符合变更部分内容，提供可替代的同等质量供应商清单，并对关键原材料及组部件进厂检验方法进行审查。

3.2.6.1 关键原材料及组部件资料审核

专家组在资料审核阶段审核关键原材料及组部件的供应商信息、相关试验报告等资料。

（1）关键原材料及组部件资料清单。关键原材料及组部件资料清单见表 3-10。

表 3-10　　　　关键原材料及组部件资料清单

序号	审核方式	文件名	文件要求	标准型式
1	判断	关键原材料及组部件备案提交资料清单	正式盖章版	附录 C
2	判断	关键原材料及组部件供应商审查备案表	正式盖章版	附录 G
3	判断	套管型式试验报告	正式盖章版	无
4	判断	套管图纸	正式盖章版	工程制图
5	判断	套管尺寸表	正式盖章版	附录 H
6	判断	分接开关型式试验报告	正式盖章版	无
7	判断	气体继电器型式试验报告	正式盖章版	无

续表

序号	审核方式	文件名	文件要求	标准型式
8	判断	压力释放阀型式试验报告	正式盖章版	无
9	判断	绝缘纸板、绝缘件型式试验报告	正式盖章版	无
10	审查	关键原材料及组部件进厂检验方法	正式盖章版	无

（2）关键原材料及组部件资料分值。关键原材料及组部件资料各部分分值分配与评分原则见表3-11。

表3-11　　　　关键原材料及组部件资料分值

序号	审核方式	文件名称	分值	评分原则	得分	扣分原因
1	判断	关键原材料及组部件备案提交资料清单	5	信息完整、格式正确评5分		
2	判断	关键原材料及组部件供应商审查备案表	5	信息完整、格式正确，且抽查实际使用的关键原材料及组部件型号、供应商与备案表一致评5分；发现一处不一致扣5分		
3	判断	套管型式试验报告	10	提供同型号套管第三方权威机构型式试验报告，评5分。若该产品无第三方型式试验报告，可提供厂家出具的套管型式试验报告，但在产品出厂6个月内供应商应提供第三方检测机构型式试验报告。信息完整、格式正确，评5分		
4	判断	套管图纸	5	信息完整、格式正确，评5分		
5	判断	套管尺寸表	5	信息完整、格式正确，评5分		

续表

序号	审核方式	文件名称	分值	评分原则	得分	扣分原因
6	判断	分接开关型式试验报告	10	提供同型号分接开关第三方权威机构型式试验报告，评5分。信息完整、格式正确，评5分		
7	判断	气体继电器型式试验报告	10	提供同型号分接开关第三方权威机构型式试验报告，评5分。信息完整、格式正确，评5分		
8	判断	压力释放阀型式试验报告	10	提供同型号分接开关第三方权威机构型式试验报告，信息完整、格式正确，评10分		
9	判断	绝缘纸板、绝缘件型式试验报告	10	满足以下要求，评5分：按照DL/T 1806—2018中绝缘纸板型式试验要求执行，新产品试制投入生产时；工艺、材料发生重大改变时；日常生产每月检测一次，每三个月需覆盖所生产的各种规格产品。绝缘件型式试验要求，新产品试制投入生产时；工艺、材料发生重大改变时；日常生产每6个月1次。信息完整、格式正确，评5分		
10	审查	关键原材料及组部件进厂检验方法	20	见表3-14		
		合计	100			

第3章 变压器技术符合性评估工作实施

对于该部分的所有资料，提出以下通用要求：

1）一致性方面。供应商提供的关键原材料及组部件资料应为申报产品的相关资料，若关键原材料及组部件资料所示产品的型号、参数与申报产品不一致，则可判断本次技术符合性评估申请无效，无须继续进行后续审查。

2）完整性方面。关键原材料及组部件资料清单中的相关资料应完整提供，且每项资料填写完整。

3）有效性方面。资料至少应有编制、校核和批准的三级审核程序并签字或盖章。所有报告应由申报单位正式盖章。

如申报产品在设计联络会对原材料组部件有变更，供应商清单应符合变更部分内容，并提供可替代的同等质量供应商清单。

关键原材料及组部件进厂检验审查专项要求及评分细则见表3-12。

表3-12 关键原材料及组部件进厂检验审查专项要求及评分细则

序号	审查项目	审查标准	审查方式及评分细则	分值	得分	扣分原因
1	关键原材料及组部件进厂检验方法	（1）套管进厂检验应包含实际尺寸测量、外观检查、出厂试验报告检查。 （2）有载分接开关进厂检验应包含电动机构、分接选择器、切换开关的涂漆和镀层检查及出厂试验报告检查，还应包含对开关附件（吊具、连管、气体继电器、压力释放阀）的检查。 （3）无励磁分接开关检查应包含金属镀层、绝缘件外观、紧固件检查及出厂试验报告检查。 （4）气体继电器进厂检验项目应包含耐压试验、密封试验、容积试验、流速试验。	审查方式：查阅关键原材料及组部件进厂检验方法。评分细则：满分20分，不满足则扣减相应分数	2		
				2		
				2		
				3		

续表

序号	审查项目	审查标准	审查方式及评分细则	分值	得分	扣分原因
1	关键原材料及组部件进厂检验方法	（5）压力释放阀进厂检验项目应包含耐压试验、密封试验、开启压力试验、关闭压力试验。 （6）绕组线进厂检验项目至少应包含规定塑性延伸强度 $R_{P0.2}$、20℃时电阻系数、击穿电压、结构尺寸试验、漆膜厚度。 （7）硅钢片进厂检验项目至少应包含厚度偏差、宽度偏差、表面质量检查。 （8）绝缘纸板进厂检验项目至少应包含厚度、水分、拉伸强度、伸长率、金属异物检测	审查方式：查阅关键原材料及组部件进厂检验方法。 评分细则：满分20分，不满足则扣减相应分数	4 3 2 4		
审查人			审查时间	年 月 日		

（3）关键原材料及组部件资料审查结论。专家组审查供应商提供的关键原材料及组部件供应商资料后，总结审核情况，并形成"关键原材料及组部件供应商备案审查作业表"，对审查结论签字确认，表格参见附录 M。

3.2.6.2 关键原材料材质评估

委托第三方有资质的检测机构对申报产品绕组线、硅钢片、绝缘纸板进行材质评估，网省公司可根据设备管理需要选择抽检原材料及项目。在评估前供应商应提供相应试验项目的设计值（标准值），以便后续对比分析。

在设计院确认图纸后，设备所属单位应告知供应商原材料抽检工作，要求供应商留出足够的原材料余量，保证之后原材料抽检工作的开展。监造单位负责原材料的取样，供应商送交用户认可的第三方检测机构进行检验。

对于同一供应商的同批次同型号产品，选取一台进行材质评估；对于后续产品出厂试验申请的设备如绕组线、硅钢片、主要绝缘材料的供应商发生变化且在附录 G 中，则需重新委托第三方有资质的检测机构进行材质评估。

对原材料开展表 3-13 中所列的试验项目。

表 3-13　　　　　　　　原材料评估试验项目

评估对象	试验项目	依据标准
绕组线（换位导线）	（1）整体抗弯试验； （2）黏结强度； （3）规定塑性延伸强度为 RP0.2	GB/T 33597—2017 换位导线 JB/T 6758.1 换位导线　第 1 部分：一般规定 Q/GDW 11482—2016 1000kV 交流变压器用绕组线技术要求　第 1 部分：纸绝缘换位导线 GB/T 228.1 金属材料拉伸试验　第 1 部分：室温试验方法 GB/T 4074.1—2008 绕组线试验方法　第 1 部分：一般规定 GB/T 4074.3—2008 绕组线试验方法　第 3 部分：机械性能
硅钢片	（1）磁感应强度为 B800/50； （2）比总耗损为 P1.7/50； （3）表面绝缘电阻； （4）涂层附着性	GB/T 3655—2008 用爱泼斯坦方圈测量电工钢片（带）磁性能的方法 GB/T 2522—2017 电工钢带（片）涂层绝缘电阻和附着性测试方法 GB/T 19289—2019 电工钢带（片）的电阻率、密度和叠装系数的测量方法 YB/T 4292—2012 电工钢带（片）几何特性测试方法 Q/GDW 11744—2017 特高压直流换流变压器用冷轧取向电工钢带（片）技术条件
绝缘纸板	（1）拉伸强度和伸长率； （2）压缩性； （3）水萃取液电导率； （4）吸油性； （5）电气强度（油中）	GB/T 19264.1—2011 电气用压纸板和薄纸板　第 1 部分：定义和一般要求 GB/T 19264.2—2013 电气用压纸板和薄纸板　第 2 部分：试验方法 GB/T 19264.3—2013 电气用压纸板和薄纸板　第 3 部分：压纸板

第 3 章 变压器技术符合性评估工作实施

原材料评估试验的判断标准见表 3-14。

表 3-14　　　　　　　　　原材料评估试验判断标准

原材料检测	申报型号编号		申报供应商	
	申报设备型号		检测地点	
	检测人员		检测时间	

序号	项目	内容	评分标准	设计值（或标准值）	检测结果	得分
1	绕组线	整体抗弯试验	（1）高温自黏换位导线。线芯在 15~33 之间的自黏性换位导线，固化后在常温下进行径向抗弯得到的力—变形曲线斜率比值应是固化前此比值的 15 倍以上；固化后在 120℃下进行径向抗弯得到的力—变形曲线斜率比值应是固化前此比值的 3 倍以上。（2）非高温自黏换位导线。自黏性换位导线，固化后在常温下进行径向抗弯得到的力—变形曲线斜率与固化前的力—变形曲线斜率比值的实测值。满足上述要求且检测值等于或优于设计值，得 10 分	常温：　倍 120℃：　倍	常温：　倍 120℃：　倍	
		黏结强度	按漆包扁线黏结强度试验方法开展。强度：N1 型≥5N/mm^2；常温：N2 型≥8N/mm^2；120℃：N2 型≥5N/mm^2。满足上述要求且检测值等于或优于设计值，得 5 分	强度：　N/mm^2	强度：　N/mm^2	

续表

序号	项目	内容	评分标准	设计值（或标准值）	检测结果	得分
1	绕组线	规定塑性延伸强度 $R_{p0.2}$	规定塑性延伸强度，根据材料力延伸曲线实际测定。 T 型 ≤100 100＜C1 型 ≤180 181＜C2 型 ≤220 221＜C3 型 ≤260 满足上述要求或绕组线出厂试验报告，且检测值等于或优于设计值，得 10 分	规定塑性延伸强度 $R_{p0.2}$： N/mm²	规定塑性延伸强度 $R_{p0.2}$： N/mm²	
2	硅钢片	磁感应强度 B800/50	每个项目分值 10 分，检测值等于或优于设计值，得 10 分	磁感应强度： T	磁感应强度： T	
		比总耗损 P1.7/50		比总损耗： W/kg	比总损耗： W/kg	
		表面绝缘电阻		表面绝缘电阻系数： Ω·mm²	表面绝缘电阻系数： Ω·mm²	
		涂层附着性		涂层附着性：	涂层附着性：	
3	绝缘纸板	拉伸强度（横向和纵向）	纵向： δ ≤1.6mm，拉伸强度 ≥100MPa 1.6mm＜δ ≤3.0mm，拉伸强度 ≥105MPa 3.0mm＜δ ≤6.0mm，拉伸强度 ≥110MPa 6.0mm＜δ ≤85.0mm，拉伸强度 ≥120MPa	（1）$\delta=$　　mm 拉伸强度： 纵向：　　MPa 横向：　　MPa	（1）拉伸强度： 纵向：　　MPa 横向：　　MPa	

续表

序号	项目	内容	评分标准	设计值（或标准值）	检测结果	得分
3	绝缘纸板	拉伸强度（横向和纵向）	横向： $\delta \leq 1.6$m，m拉伸强度≥ 75MPa 1.6mm$<\delta \leq 3.0$mm，拉伸强度≥ 80MPa 3.0mm$<\delta \leq 8.0$mm，拉伸强度≥ 85MPa 检测值等于或优于标准要求值得5分（未包含尺寸参见标准GB/T 19264.3）	（2）$\delta=$　　mm 拉伸强度： 纵向：　　MPa 横向：　　MPa （3）$\delta=$　　mm 拉伸强度： 纵向：　　MPa 横向：　　MPa	（2）拉伸强度： 纵向：　　MPa 横向：　　MPa （3）拉伸强度： 纵向：　　MPa 横向：　　MPa	
		压缩性	≤ 1.6mm，$\leq 10\%$； 1.6mm$<d\leq 3.0$mm，$\leq 7.5\%$； 3.0mm$<d\leq 6.0$mm，$\leq 5.0\%$； 6.0mm$<d\leq 8.0$mm，$\leq 4.0\%$ 满足上述要求且检测值等于或优于设计值，得8分	≤ 1.6mm，$\leq\%$； 1.6mm$<d\leq$3.0mm，$\leq\%$； 3.0mm$<d\leq$6.0mm，$\leq\%$； 6.0mm$<d\leq$8.0mm，$\leq\%$	≤ 1.6mm，压缩性：$\leq\%$； 1.6mm$<d\leq$3.0mm，压缩性：$\%$； 3.0mm$<d\leq$6.0mm，压缩性：$\%$； 6.0mm$<d\leq$8.0mm，压缩性：$\%$	
		水萃取液体电导率	$\delta \leq 1.6$mm电导率≤ 4.0mS/m； 1.6mm$<\delta \leq 3.0$mm电导率≤ 4.5mS/m； 3.0mm$<\delta \leq 6.0$mm电导率≤ 6.0mS/m； 6.0mm$<\delta \leq 8.0$mm电导率≤ 8.0mS/m（未包含尺寸参见GB/T 19264.3） 满足上述要求且检测值等于或优于设计值，得6分	（1）$\delta=$　　mm 电导率$\leq$　　S/m （2）$\delta=$　　mm 电导率$\leq$　　S/m （3）$\delta=$　　mm 电导率$\leq$　　S/m	（1）电导率： 　　S/m （2）电导率： 　　S/m （3）电导率： 　　S/m	

续表

序号	项目	内容	评分标准	设计值（或标准值）	检测结果	得分
3	绝缘纸板	吸油性	d≤1.6mm 吸油性≥11%； 1.6mm<d≤3.0mm 吸油性≥9%； 3.0mm<d≤6.0mm 吸油性≥7%； 6.0mm<d≤8.0mm 吸油性≥6% 满足上述要求且检测值等于或优于设计值，得6分	(1) $d=$ mm 吸油性≥ %； (2) $d=$ mm 吸油性≥ %； (3) $d=$ mm 吸油性≥ %； (4) $d=$ mm 吸油性≥ %	(1) $d=$ mm 吸油性: %； (2) $d=$ mm 吸油性: %； (3) $d=$ mm 吸油性: %； (4) $d=$ mm 吸油性: %	

		电气强度（油中）	δ≤1.6mm，油中电气强度≥45kV/mm；
			1.6mm<δ≤3.0mm，油中电气强度≥40kV/mm；
			3.0mm<δ≤8.0mm，油中电气强度≥30kV/mm
			（未包含尺寸参见 GB/T 19264.3）
			满足上述要求且检测值等于或优于设计值，得10分
				(1) $\delta=$ mm
				电气强度≤
				   kV/mm
				(2) $\delta=$ mm
				电气强度≤
				   kV/mm
				(3) $\delta=$ mm
				电气强度≤
				   kV/mm
					(1) 电气强度≤
					   kV/mm
					(2) 电气强度≤
					   kV/mm
					(3) 电气强度≤
					   kV/mm	

			总分			100

对原材料评估的取样要求见表 3-15。

表 3-15   原材料评估的取样要求

评估对象	取样要求	备注
绕组线	（1）每种规格导线原则上应抽样一次。 （2）每种规格长 20cm、S 弯处为中点的 20 根，50cm 的 2 根。 （3）单个样品应标明取样时间、取样见证人员、取样编号、取样人员联系方式，出厂检验报告、进厂检验报告。 （4）样品包装应避免造成损伤和污染	

续表

评估对象	取样要求	备注
硅钢片	（1）不同厂家产品均应进行抽样。 （2）比总耗损（包括正弦、谐波、直流偏磁工况）、磁感应强度试验项目取样如下：①对于激光刻痕样品，在卷头和卷尾处各取 5 片尺寸为 500mm×500mm 的试样；②对于非刻痕样品，在钢卷的卷头和卷尾处各取 1 副尺寸为 30mm×300mm 的爱泼斯坦方圈试样，试样由 4 倍的样片组成，质量应大于 0.50kg。具备条件的情况下，自行在 850℃完成 2h 去应力退火（氮气保护）。试样的取样方法、尺寸及尺寸公差应符合 GB/T 3655 的规定。 （3）涂层附着性试验项目取样如下：①对于激光刻痕样品，在钢卷的卷头和卷尾处各取 1 副试样，每副 50 片以上，试样尺寸为 30mm×300mm，长边应严格平行于轧制方向；②对于非刻痕样品，不必再取样，直接采用完成磁性能测量的爱泼斯坦方圈试样进行试验。 （4）单个样品应标明取样时间、取样见证人员、取样编号、取样人员联系方式，出厂检验报告、进厂检验报告。 （5）样品包装应避免邮寄过程中造成损伤，做防潮、防折、防撞处理	
绝缘纸板	（1）拉伸强度和伸长率：15mm×300mm，纵向 10 条、横向 10 条。 （2）压缩性：边长为 25mm±0.5mm 的方形试片，确保高度在 25~50mm，3 组。 （3）水萃取液电导率：质量约 20g（不少于 20g），形状不限，2 块。 （4）吸油性：100mm×100mm，3 块矩形样片。 （5）电气强度（油中）：每种型号 300mm×300mm，各 10 块。 （6）每类纸板应标明取样时间、取样见证人员、取样编号、取样人员联系方式，出厂检验报告、进厂检验报告。 （7）样品包装应避免邮寄过程中造成损伤，做防潮、防折、防撞处理	

3.2.6.3 关键原材料及组部件技术符合性评分

审核结束后，专家组总结关键原材料及组部件资料和抽检项目审核情况，对关键原材料及组部件资料和抽检项目进行评分，形成"关键原材料及组部件审核作业表"，见附录 13。

3.2.7 提交材料要求

（1）资料应按要求表 3-10 完整提交，格式正确，资料不应存在缺页或字迹模糊等问题。

（2）根据表 3-1 分类维度，对应每个类型申报产品均应分别填写附录 A《变压器技术符合性评估申请表》。

（3）供应商提交的附录 A《变压器技术符合性评估申请表》、附录 B《参加国家电网有限公司设备技术符合性评估承诺书》、附录 C《供应商提交资料清单》文件要求正式盖章（单位公章）。

3.2.8 评审常见问题

供应商未按照"实施细则"中要求提供正确格式和内容完整的评审资料，资料评审常见问题包括（但不仅限于）以下四项：

（1）评审资料直接盖电子章，未提供 Word 版本。

（2）试验检测报告无封面章。

（3）缺少相关报告文件。

（4）供应商未提供第三方试验报告。

3.3 生产制造能力符合性评估

从生产环境条件、外购件质量管控、重要组部件制造能力、设备检验试验能力等方面评估产品质量管控水平。结合出厂试验见证，重点核实历史问题整改、设计联络会响应情况。

3.3.1 工作目标

专家组结合出厂试验见证，针对与申报产品生产场地、试验能力、设计校核软件、

第 3 章 变压器技术符合性评估工作实施

制造与运行经验等方面对供应商产品质量管控水平进行评估，部分审查项目可采取对工厂作业人员现场考查的方式。

3.3.2 评估方案

评估过程中，如需结合相关图纸（包括但不限于升高座图、基础图、绕组图、引线图、铁心图、夹件图、器身图、油箱及箱盖图）进行核查，供应商应在工厂提供相应的图纸供查阅，生产制造能力符合性评估流程如图 3-3 所示。

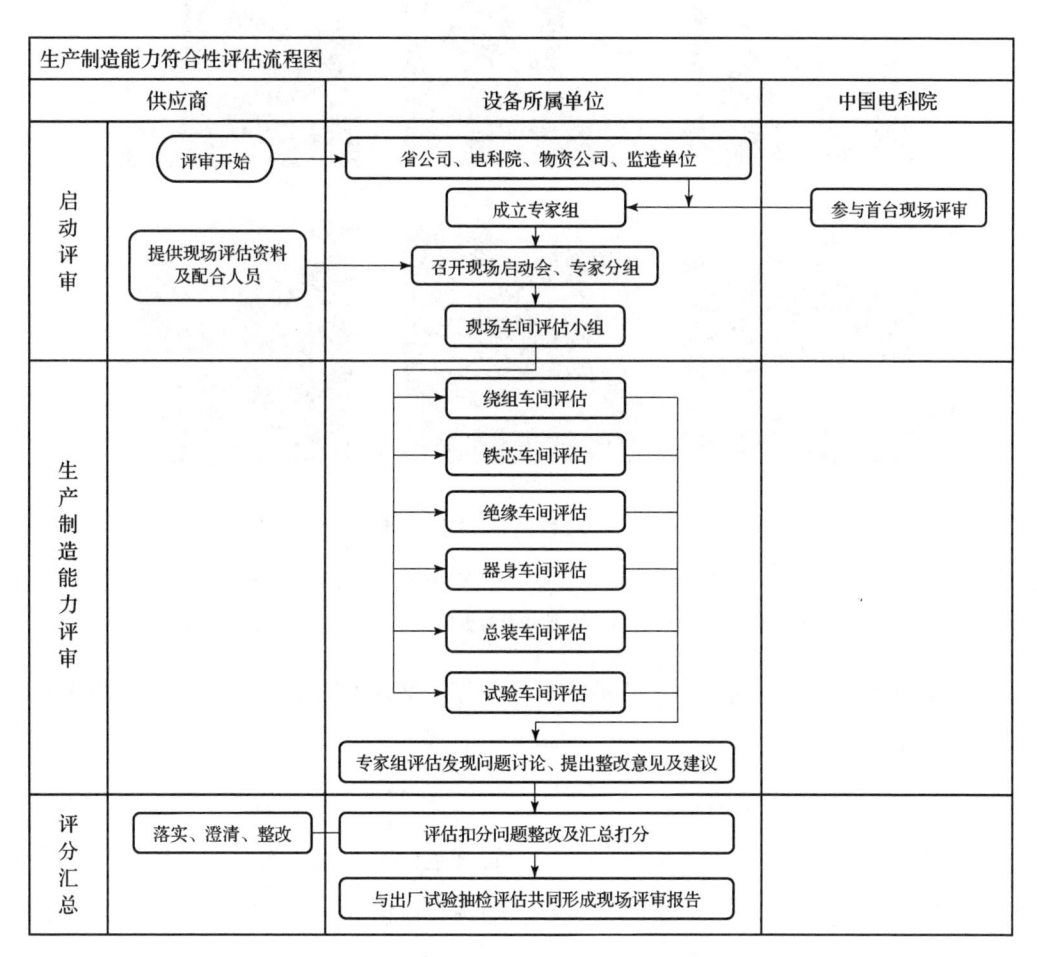

图 3-3 生产制造能力符合性评估流程图

3.3.3 供应商产品质量管控水平评估重点内容与注意事项

3.3.3.1 生产环境条件

（1）出入口是否采取清洁措施。

审查工作重点：①出入口场地空间宽敞整洁，通风良好，配备自动风淋室（人员进入后能自动开启，清洁完毕通道门方可打开，如提前打开应及时报警）、鞋底清洁区（优选清洁机，如使用清洁垫，应每天清洁），所有设备均能正常工作；②人员必须佩戴安全帽，身着工作服，脚穿专用工作鞋（参观人员需使用一次性鞋套），通过风淋区和鞋底清洁区后方可进入车间。部分出入口清洁措施要求可参考图3-4示例。

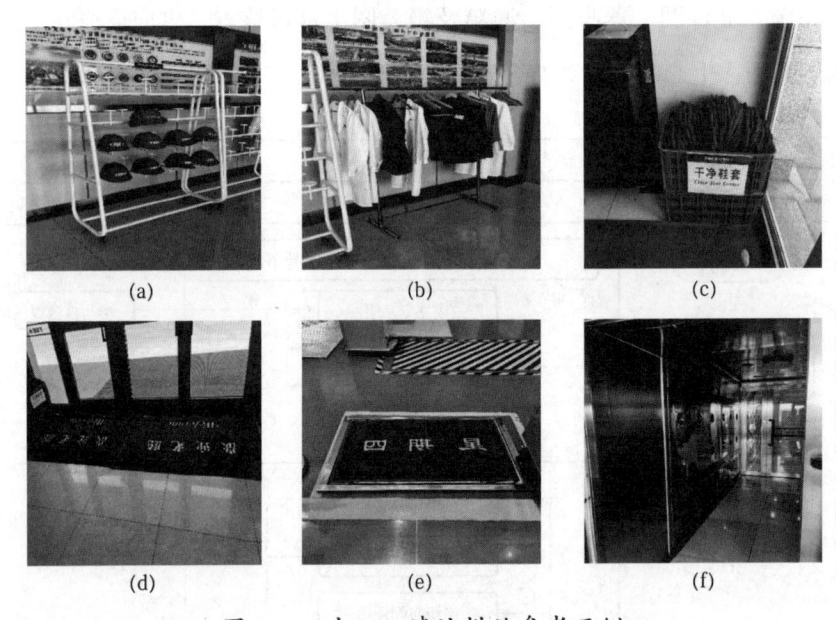

(a)　(b)　(c)

(d)　(e)　(f)

图3-4　出入口清洁措施参考示例

(a)安全帽整齐摆放；(b)工装保持干净整洁；(c)门口准备干净鞋套；
(d)大门地垫及时更换；(e)厂房地垫及时更换；(f)除尘设备确保正常运行

审查中常遇到的问题：①设备不能正常工作；②未及时更换干净鞋套；③清洁垫未及时清洁。

（2）作业环境是否整洁。

审查工作重点：①车间水电气热管线布置规范，临时使用的管线放置平顺，没有纽结或挤压；②作业区域没有杂物、废料、油迹、遗撒等，工作人员完成本工序工作后能及时清洁工作面；③物料存放区划定清晰，标识清晰，物料存放相对固定，特别是大型工器具使用完毕必须放置于专用存放区，同品类不同用途材料、组件应隔离存放；④应设立"不合格品存放区域"，与合格品存放区域严格隔离；⑤临时存放区域存放物料时应在物料上放置标识；⑥非裸露部件在存放区存放时应遮盖或加装封板。部分作业环境整洁要求可参考图3-5示例。

图 3-5　作业环境整洁参考示例

（a）配件摆放干净整洁；（b）物料摆放固定区域；（c）物料存放区划定清晰；
（d）物料隔离遮盖存放；（e）非裸露部件遮盖存放；（f）作业区无杂物废料等

审查中常遇到的问题：①未设置"不合格品存放区域"或未按物料品种存放；②合格品和不合格品在同一个区域的不同分区内。

（3）生产环境是否符合要求。

审查工作重点：①降尘量监测应尽量使用集中控制的自动监测系统，避免由于人工观测造成的主观误差；②监测装置放置于作业区域内合适位置。部分降尘量监测作业要求可参考图 3-6 所示。

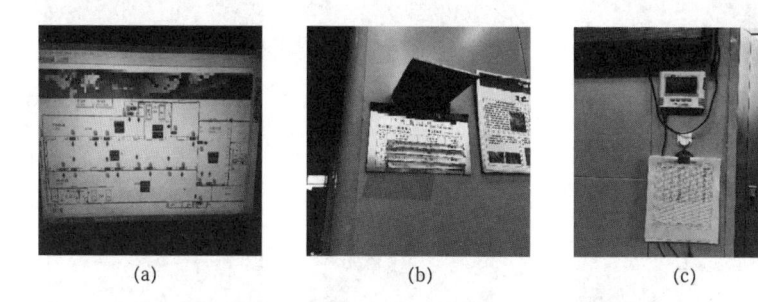

图 3-6　部分降尘量监测作业要求示例

（a）降尘量监测系统；（b）降尘量区域标识；（c）降尘量专人负责记录

审查中常遇到的问题：监测装置距离工作区域较远。

3.3.3.2　外购件的质量管控能力

审查工作重点：①外购件应有严格的质量管理措施，具备完整的进厂检查记录、检验报告等相关要求报告；②进厂检查记录中检查项目及记录数据完整，原厂检验报告中试验项以及试验数据完整；③具备标准中所要求的外购件进厂检验能力。部分外购件质量管理完善情况示例如图3-7所示。

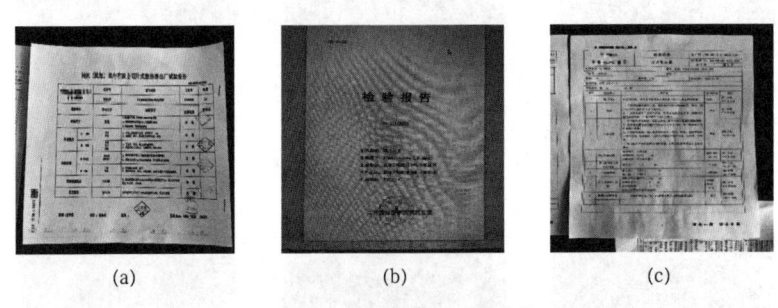

图3-7 外购件质量管理完善情况示例

（a）出厂试验报告准确完整；（b）检验报告真实有效；（c）进场检查记录详细完整

审查中常遇到的问题：①原厂提供的型式试验报告过期；②检验报告中检验项目不完整；③未能提供某些组部件相关检验报告。

3.3.3.3 重要组部件制造能力

审查工作重点：①具备主部件线圈绕制、压紧，铁心加工、叠装，绝缘纸板含水量检测及干燥，油箱生产的能力；②严格按照生产工艺关键点控制进行生产，制造加工能力需满足精度要求。部分重要组部件制造能力可参考图3-8所示。

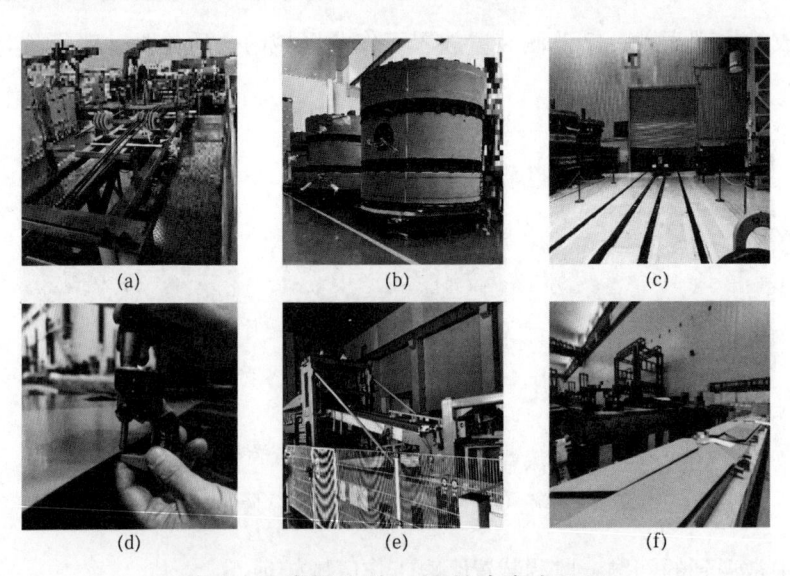

图3-8 线圈和铁心的制造能力示例

（a）线圈的整理和准备；（b）线圈绕制和压紧；（c）线圈干燥炉；
（d）铁心叠片测量；（e）铁心叠片裁剪；（f）铁心叠片叠制

审查中常遇到的问题：①没有根据绝缘纸板不同含水量的测量结果设定不同的干燥程序；②部分组部件加工精度不满足标准要求。

3.3.3.4 设备检验试验能力

审查工作重点：具备独立的试验车间并配备齐全的设备、仪器；仪器仪表有CNAS认可的校准机构出具合格有效的第三方校准/检定证书，并在有效期内。部分设备检验试验仪器示例如图3-9所示。

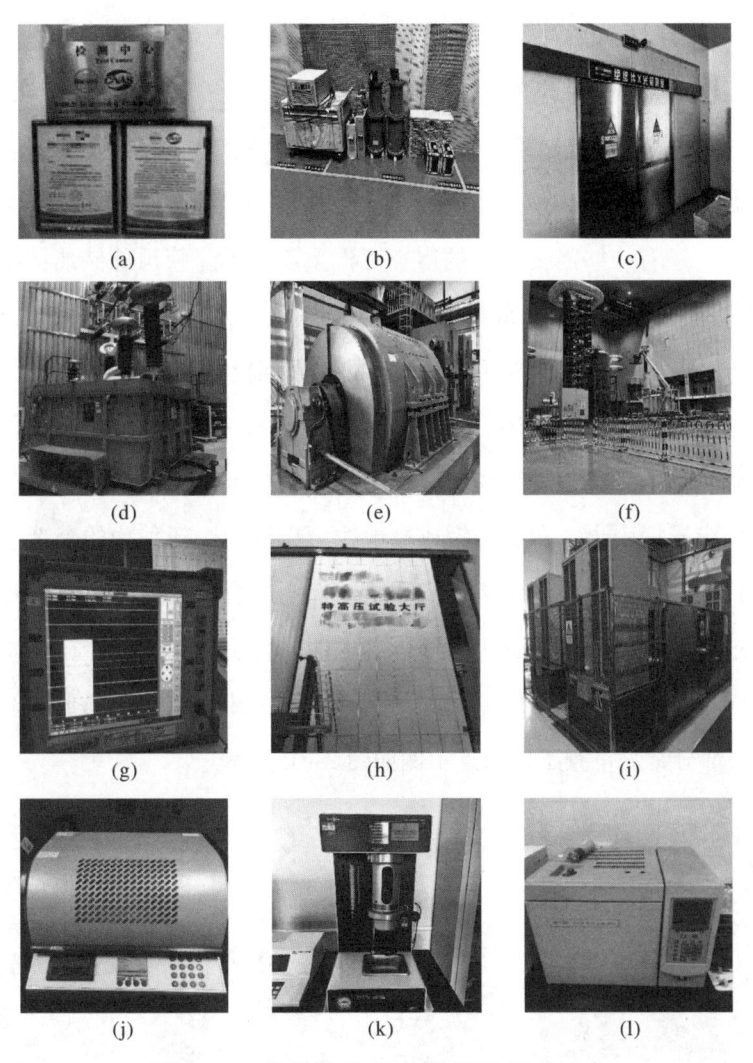

图3-9 设备检验试验仪器示例（一）

（a）实验室CNAS认证证书；（b）耐受直流偏磁测试系统；（c）绝缘件X光检测室；
（d）线端交流耐压试验支撑中间变压器；（e）同步发电机组及中频发动机；
（f）1800kV以上的冲击电压发生器；（g）局部放电综合分析仪；（h）独立实验室及屏蔽措施；
（i）独立无干扰的试验电源；（j）绝缘油耐压测试仪；（k）颗粒度测试仪；（l）气相色谱仪

图 3-9 设备检验试验仪器示例（二）

（m）闭口闪点仪；（n）微水测量仪；（o）检测仪器校准证书

审查中常遇到的问题：①部分仪器仪表无第三方出具的检测报告；②部分仪器仪表出具的第三方检测报告已过期；③缺少必备仪器。

3.3.3.5 其他

除此之外，还有一些需要注意的审查工作重点：①套管顶部储油柜注油孔布置在侧面不易积水的位置。②户外布置变压器的气体继电器、油流速动继电器、温度计、油位表加装防雨罩。③套管均压环采用单独的紧固螺栓，紧固螺栓与密封螺栓不共用，密封螺栓上、下两道密封不共用。④压力释放阀已采取有效措施防潮防积水，防雨罩安装牢固，防雨效果良好，安装和朝向正确，释放通道满足排油流量。⑤电容式套管末屏应采用固定导杆引出，通过端帽或接地线可靠接地。新采购的套管末屏接地方式不应选用圆柱弹簧压接式接地结构。⑥油箱内部不应有窝气死角，套管升高座等处积集气体应通过带坡度的集气总管引向气体继电器，再引至储油柜，在气体继电器管路的两侧加蝶阀。⑦尚未进行出厂试验的产品，如因工艺或质量问题重复干燥或拔出铁轭的应扣分。部分常见审查工作重点示例如图 3-10 所示。

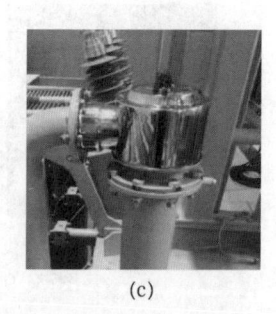

图 3-10 常见审查工作重点示例（一）

（a）储油柜注油孔；（b）套管均压环；（c）压力释放阀

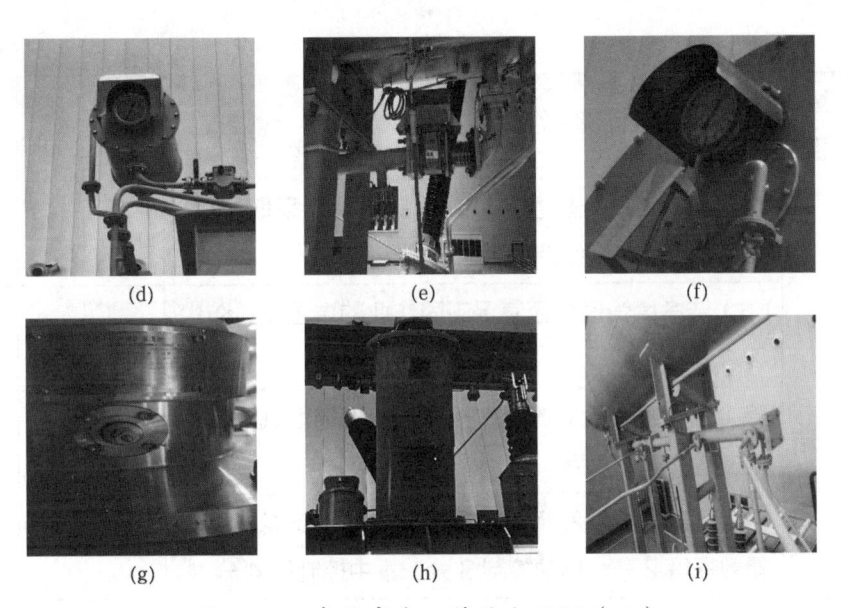

第3章 变压器技术符合性评估工作实施

图 3-10 常见审查工作重点示例（二）

（d）气体继电器；（e）油流速动继电器；（f）油位表加装防雨罩；
（g）套管末屏；（h）升高座最高点；（i）油路设计合理

3.3.4 供应商产品质量管控水平评估审查标准与分值

专家组结合符合性审查标准，对供应商生产制造能力进行评分。主要针对与申报产品直接相关的生产环境条件、外购件的质量管控能力、重要组部件制造能力、设备检验试验能力和其他等重要审查项目对供应商产品质量管控水平进行评估，部分审查项目可采取对工厂作业人员现场考查的方式，审查标准与分值见表3-16。

表 3-16 供应商产品质量管控水平评估审查标准与分值

序号	审查项目	审查标准	分值	得分	扣分原因
1	生产环境条件	（1）出入口是否采取清洁措施	—		
		人员进入车间前有除尘措施（风淋除尘、鞋底清洁等）	2		
		进入车间的人员采取了有效的防尘措施（穿工作服、专用鞋或鞋套，戴安全帽等）	2		
		（2）作业环境是否整洁	—		
		划定不同材料、组件的堆放区域，防止废料污染和不合格品混用	2		

续表

序号	审查项目	审查标准	分值	得分	扣分原因
1	生产环境条件	材料、组件应堆放整齐，并有针对性地采取遮盖、加装封板等措施保持清洁	2		
		（3）洁净度管理是否满足不同作业的温湿度、防尘要求	—		
		降尘量监测装置应放置在相应作业现场区域内，不应放置在车间角落	4		
		各车间环境温度和相关湿度控制方式，仅能显示测量数据得 2 分；自动控制 3 分、集中控制得 4 分	4		
		绝缘件加工环境满足温度 10~30 ℃，相对湿度 ≤70%，降尘量 ≤30mg/（m²·d）	3		
		铁心加工环境满足温度：8~32℃，湿度：≤ 70%；降尘量：≤30mg/（m²·d）	3		
		器身装配环境满足温度：8~32℃，湿度：≤70%；降尘量：20mg/（m²·d）	3		
		绕组绕制环境满足温度：8~32℃，湿度：≤70%；降尘量：≤20mg/（m²·d）	3		
		总装配环境满足温度：8~32℃，湿度：≤ 70%；降尘量：≤20mg/（m²·d）	3		
		总分	31		
2	外购件的质量管控能力	外购件质量管理是否完善	—		
		有冷却系统（散热器、油泵、风机等）进厂检查记录，散热器原厂出厂报告中应有密封试验、热油（或煤油）冲洗和散热性能（或冷却容量）及声级测定等的内容；油泵外壳防护等级为 IP55，油泵电动机的轴承精度应至少为 E 级	3		
		有储油柜进厂检查记录，波纹管储油柜波纹管应伸缩灵活、密封完好，胶囊式储油柜的胶囊完好	3		

续表

序号	审查项目	审查标准	分值	得分	扣分原因
2	外购件的质量管控能力	有硅钢片进厂检验记录，具备检测单耗、平整度等性能指标的能力	3		
		有导线进厂检查记录，包含导线电阻率、绝缘厚度和层数以及导线外形尺寸等	2		
		现场核查套管进厂检验报告（检查记录），如介质损耗因数和电容量测量、尺寸检验试验项目等	2		
		现场核查有载调压分接开关进厂检验报告（检查记录），如外观检查，接触电阻电阻测量（抽查）、过渡电阻测量试验项目；无励磁分接开关进厂检验报告（检查记录），如外观检查、触头压力测量、接触电阻测量（抽查）试验项目	3		
		变压器供应商是否明确要求绝缘油供应商提供新油（运至变电站）的无腐蚀性硫、结构簇、糠醛及油中颗粒度报告	2		
		总分	18		
3	重要组部件制造能力	对于产品的重要组部件，公司是否具备生产和加工能力	—		
		能绕制和压紧绕组，并保证换位平整、导线无损伤	4		
		能加工和叠装铁心，硅钢片纵剪质量满足：毛刺≤0.02mm；条料边沿波浪度≤1.5%（波高/波长）。横剪质量满足：毛刺≤0.02mm	4		
		能检测绝缘纸板含水量，并据此设定不同的干燥程序	4		
		能生产油箱，并严格控制定位和配合尺寸	4		
		总分	16		

续表

序号	审查项目	审查标准	分值	得分	扣分原因
4	设备检验试验能力	检验或试验仪器、环境是否能保证设备得到全面的检验	—		
		供应商实验室通过CNAS认可，仪器仪表有CNAS认可的校准机构出具合格有效的第三方校准/检定证书	2		
		配备耐受直流偏磁测试系统	2		
		配备线端交流耐压试验支撑中间变压器	3		
		配备X光或超声焊缝探伤仪	2		
		配备同步发电机组及中频发电机组	2		
		配备1800kV及以上的冲击电压发生器	2		
		配备局部放电定位系统	3		
		具备独立的试验车间并有良好的屏蔽措施及独立无干扰的试验电源（含仪器电源）	3		
		绝缘油试验应具备绝缘油耐压测试仪、微水测量仪、颗粒计数器、气相色谱仪、闭口闪点仪、绝缘油介损仪等试验项目	2		
		总分	21		
5	其他	套管顶部储油柜注油孔应布置在侧面不易积水的位置	1		
		户外布置变压器的气体继电器、油流速动继电器、温度计、油位表应加装防雨罩	1		
		套管均压环应采用单独的紧固螺栓，禁止紧固螺栓与密封螺栓共用，禁止密封螺栓上、下两道密封共用	1		
		压力释放阀需采取有效措施防潮防积水，释放阀的导向装置安装和朝向应正确，确保油的释放通道畅通	2		

续表

序号	审查项目	审查标准	分值	得分	扣分原因
5	其他	电容式套管末屏应采用固定导杆引出，通过端帽或接地线可靠接地。新采购的套管末屏接地方式不应选用圆柱弹簧压接式接地结构	1		
		油箱内部不应有窝气死角，套管升高座等处积集气体应通过带坡度的集气总管引向气体继电器，再引至储油柜。在气体继电器管路的两侧加蝶阀	2		
		尚未进行出厂试验的产品，如因工艺或质量问题重复干燥或拔出铁轭的扣6分	6		
		总分	14		
审查人			审查时间		
总分			100		

3.3.5 供应商生产制造能力评估常见问题分析与改进措施

专家组针对供应商生产制造能力评估过程中的常见问题进行分析，并提出相应的改进措施，见表 3-17。

表 3-17　　　　　　　供应商产品质量管控水平评估常见问题

序号	审查项目	常见问题	原因分析	改进措施
1	生产环境条件	（1）进入相关生产车间风淋门未启动。 （2）外来人员进入车间没有穿鞋套。 （3）通往绕线净化房的后门未关闭。 （4）相关车间湿度大于70%，导致重要零部件受潮。 （5）物品堆放不能一次到位，临时堆放时间过长	车间生产环境日常管理制度不完善或制度执行不到位	（1）针对问题及时严格排查、管控，严格要求车间执行异物控制和净化工艺。 （2）回顾生产环境管理制度，按照评估要求制定相关措施并严格执行

续表

序号	审查项目	常见问题	原因分析	改进措施
2	外购件的质量管控能力	（1）外购件不符合设联会纪要要求，但在进厂时未进行充分检查，导致部件质量不合格。例如在现场核查散热器风机时发现，风机下部有护网，上部无护网，而设联会纪要要求散热器风扇上下部加装护网，所以上部无护网不符合设联会纪要要求，应加装护网。 （2）外购件使用管理制度不到位。例如现场发现电抗器铁心饼片有生锈现象。 （3）外购件进厂相关文件不齐全。例如线圈绕制前不能提交线圈导线的出厂质量证明文件、进厂检验记录等相关文件资料。 （4）外购件进厂检验环节没有完全落实到位。例如在现场发现A相调压线圈所用电磁线绝缘层有多处油污及破损现象，存在质量隐患，不符合标准要求	（1）外购件不符合厂家要求，但在进厂检验时未发现。 （2）外购件进厂的相关文件不齐全，检验环节不到位。 （3）外购件采购后未合理保管，转运并在合理时间使用	（1）加强外购件进厂管理，需要具有完整的检验报告。 （2）在外购件进厂时要按管理制度进行检验，合格后才能进厂。 （3）加强保管和转运过程中的操作规范，对转运工具和设备进行维护，以减少部件损伤的风险
3	重要组部件制造能力	绕组：吊检过程中发现低压侧铜排螺栓连接处存在裸露铜排；绕组油道内有杂物	安装工艺不良	对裸露部分低压铜排进行绝缘包扎处理，清理内部杂物；加强安装工艺的改进

第 3 章 变压器技术符合性评估工作实施

续表

序号	审查项目	常见问题	原因分析	改进措施
3	重要组部件制造能力	铁心： （1）铁心叠装中，发现铁心边柱边级有十多片波浪度过大，不能满足小于等于1.5%的工艺要求。 （2）铁心表面有浮锈及锈迹、铁心撑板有局部黑斑、下轭拉带及侧梁拉带纸包绝缘表面有炭黑物质，不符合质量要求。 （3）在硅钢片叠装时，检查发现有硅钢片片料有卷角翘边		（1）重新下料后使用合格的硅钢片；加强外购件的管理。 （2）使用白布蘸除锈剂擦拭铁心有锈迹处，清理铁心表面锈迹，锈迹去除后再用干布擦拭干净残留的除锈剂；对铁心撑板及垫块有暗黑痕迹处用砂纸对绝缘件表面砂去暗黑痕迹，并及时用吸尘器吸尘，清理砂出的绝缘粉末。防止绝缘粉末落入铁心内部；下轭拉带及侧梁拉带将纸包绝缘表面两层去除，重新包扎两层绝缘，有污染的纸管进行更换；处理结束后用吸尘器对铁心表面及绝缘件进行全面吸尘，清理干净表面异物；改善铁心加工工艺。 （3）铁心叠片及吊运过程进行防护
		绝缘纸板：局部存在质量问题，导致纸板分层	未根据绝缘纸板的含水量设置不同的干燥程序	严格按照要求检验绝缘纸板含水量，并据此设置不同的干燥程序

续表

序号	审查项目	常见问题	原因分析	改进措施
3	重要组部件制造能力	油箱： （1）油箱漆膜厚度不达标，低于行业工艺要求的厚度。 （2）油箱整体装配后，表面部分油漆脱落，且油箱内部喷漆厚薄不均，存在漆瘤、多处未喷漆且有生锈现象。 （3）箱盖的外沿需布置开关转动轴，但加强铁长度无法延伸至箱壁上，导致箱盖变形量不符合质量要求。 （4）油箱定位钉尺寸错误，导致安装问题。 （5）油箱跨接铜排尺寸不当，安装后出现明显变形，影响接触效果。 （6）油箱抽真空后发现箱盖变形明显，不符合质量要求	（1）工艺文件执行不到位，喷漆操作不当。 （2）加工工艺可能存在问题。 （3）箱盖变形是因为加强铁长度无法形成加强的框架结构。 （4）工人操作不当	（1）严格执行工艺文件：对漆膜薄位置进行砂纸打磨拉毛处理，表面处理干净后补漆至要求厚度，确保油箱内部喷漆均匀，无生锈现象。 （2）加强车间作业人员对油箱关键尺寸的互检，避免定位钉尺寸错误。 （3）严格按照生产工艺要求制作跨接铜排，确保尺寸合适，接触效果良好。 （4）提高装配人员的识别和操作能力，确保人孔盖板正确安装。 （5）对油箱抽真空过程进行审查和优化，确保操作正确，避免箱盖变形
4	其他	套管部分木螺栓采用单螺母紧固，未按照技术协议要求"变压器内部螺栓采用双螺母紧固方式"执行	制造未参考技术协议执行	设计制造严格按照工艺执行或厂家出具说明保证，加盖公章

续表

序号	审查项目	常见问题	原因分析	改进措施
4	其他	压力释放阀引下导油管处网孔过大或无防止小动物进出的铁丝网罩，易造成鸟类筑巢或进入异物	制造设计工艺不良	改进设计，更换为法兰网（孔距<10mm×10mm）

3.3.6 产品历史问题与设联会响应情况及资料真实性核查评估

专家组结合出厂试验见证，在供应商工厂对历史问题整改和设联会响应情况进行复核，对前期提供的变压器资料真实性进行抽查。

3.3.6.1 历史问题收集

各省公司在设联会前会同监造单位和地市公司收集运检环节供应商产品历史运行问题形成"历史问题汇总表"（见附录N）反馈供应商。"历史问题汇总表"应包含故障简况、故障部位、故障原因分析、后续工作建议。

3.3.6.2 历史问题整改和设联会响应情况监造初审和见证

监造单位应对"供应商产品历史故障自查表"（见附录E）和"历史问题汇总表"（见附录N）进行初步审核，确保供应商对所有的历史问题都提出了整改措施，并且明确每一项整改措施的见证方法。

监造单位在设备生产制造过程中，关注历史问题整改措施和设联会响应情况，确保整改过程有记录、可追溯。总结供应商整改措施见证内容，监造单位编制"历史问题整改和设联会响应情况见证表"（见附录O），对于涉及设备内部结构的整改措施应在设备制造过程中留存体现整改措施的照片、视频。

3.3.6.3 前期提交资料真实性抽查

专家组对前期资料审核部分提供的相关资料进行现场抽查，审核前期提交资料的真实性。

3.3.6.4 产品历史问题与设联会响应

产品历史问题与设联会响应及变压器一致性情况评估要求与评分细则参照表3-18。

表 3-18　产品历史问题与设联会响应及变压器一致性情况评估要求及评分细则

基本信息	申报型号编号		申报供应商	
	申报设备型号		审查地点	

序号	审查项目	审查标准	审查方式及评分细则	分值	评分	扣分原因
1	"历史问题汇总表""历史问题整改和设联会响应情况反馈表""历史问题整改和设联会响应情况见证表"	（1）历史问题整改措施全面。对"历史问题汇总表"所列的问题和设联会要求，供应商应针对该问题涉及的设计、技术、工艺、质检、材料等原因提出相对应的整改措施。 （2）历史问题整改措施有效及适当。供应商整改措施应避免历史问题再次发生，其中涉及重大设备变更的，应经过设计部门的统筹分析和计算，不应引入新的设备问题	查阅资料评分细则：满分60分，全部满足得60分，每条30分，任意一条不满足则扣减相应分数	30 30		
2	变压器资料真实性抽查	对前期资料审核部分提供的相关资料进行现场抽查（如核实电场计算报告的真实性：在现场评估阶段，要求供应商在工厂进行电场的仿真计算，与资料审核阶段提供的电场计算报告进行对比）	一项资料不真实，酌情扣5~20分，扣完为止	40		
审查人			审查时间		年　月　日	
总分				100		

3.4　出厂试验技术符合性评估

结合出厂试验，对每台产品开展出厂试验验证技术符合性评估。如发现供应商在出厂试验环节出现弄虚作假的情况，则扣减相应试验项目的分数。

3.4.1 工作目标

要求对申报产品出厂试验结果进行逐一审查，结合试验要求、试验标准、评分细则，对申报产品出厂试验结果评分。

3.4.2 评估方案

重点性能参数出厂试验应由专家组与物资管理、项目建设、监造单位的专家（代表）及供应商共同见证。

同时，可根据设备管理需求对空载损耗测量、负载损耗测量、声级测定、温升试验项目开展抽检，抽检时由各省公司自备或委托第三方准备功率分析仪或声级计在工厂进行试验，自备功率分析仪或声级计应为省级及以上计量院校准；供应商负责提供试验所需的其他仪器设备，并提交其CNAS认可的校准机构出具合格有效的第三方校准/检定证书。

如果出现抽检结果和供应商试验结果不一致，则判定该申报产品的技术符合性评估不通过，并且可对该供应商的其他产品加大抽检力度。出厂试验技术符合性评估流程如图3-11所示。

3.4.3 重点性能参数抽检试验方案

（1）空载损耗和空载电流测量。

1）设备仪器：抽检试验需供应商准备3000kW变频电源、8500kVA中间变压器和变压器测试系统，各省公司提供或委托第三方提供高精度功率分析仪。供应商提供的电流互感器和电压互感器的精度不应低于0.05级，量程合适；且经过CNAS认可的第三方检测机构校验合格。

2）试验开展方式以供应商实际情况为准，接线原理图可参考图3-12。

3）试验要求。

a. 测量在额定电压和额定频率下进行。

b. 初次空载损耗和空载电流的测量：在所有绝缘试验之前，在额定电压的90%~110%范围内，以每5%作为一级电压逐级测量。

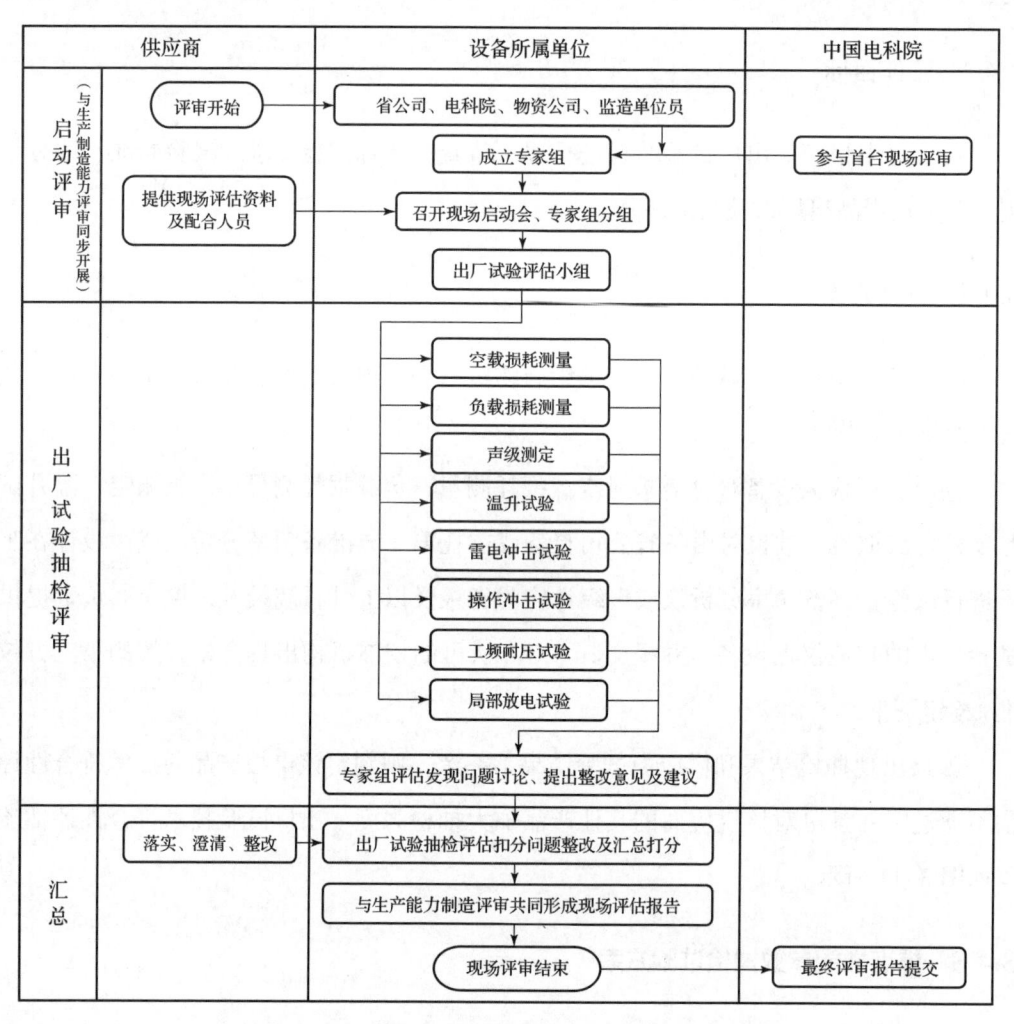

图 3-11　出厂试验技术符合性评估流程图

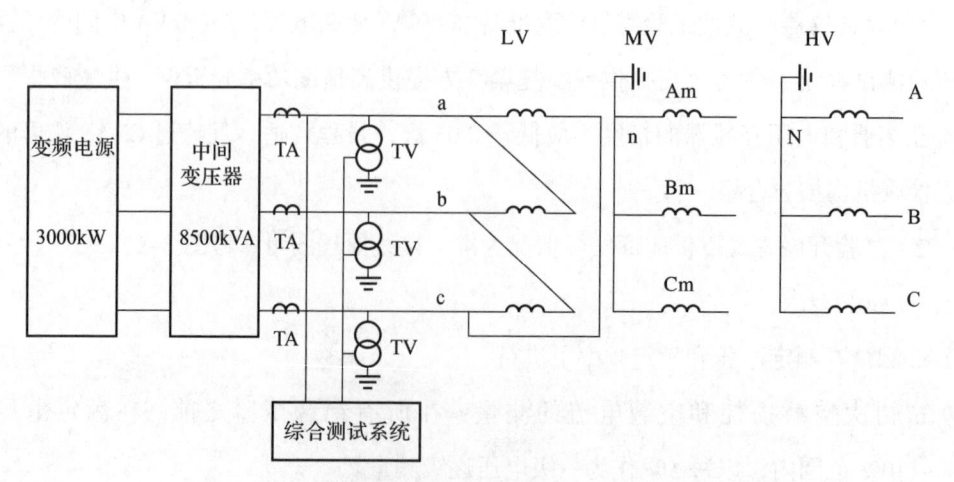

图 3-12　空载损耗和空载电流测量接线原理图

第3章 变压器技术符合性评估工作实施

c. 在所有绝缘试验之后，应分别在 380V、10%~115% 的额定电压下进行空载损耗和空载电流测量，并绘制励磁曲线。

d. 测量电流有效值，测量电压有效值和平均值。试验电压以平均值为准，测量损耗根据波形因数 k 进行校正，如式（3-1）所示。

$$P_0 = P_m k;\ k = 1 + (U_{rmc} - U_{rms})/U_{rmc} \tag{3-1}$$

e. 当有效值电压表与平均值电压表读数之差大于 3% 时，应商议确定试验的有效性；怀疑有剩磁影响测量数据时，应要求退磁后复试。

4）评分标准。分值为 10 分，试验测得额定电压空载损耗数值符合技术协议要求分值为 10 分，不符合技术协议得 0 分；此外，损耗每减少 1kW 加 1 分，不足 1 分的加 0 分。

（2）负载损耗和短路阻抗测量。

1）设备仪器：抽检试验需供应商准备 3000kW 变频电源、8500kVA 中间变压器、126.9Mvar 补偿电容器和变压器测试系统，各省公司提供或委托第三方提供高精度功率分析仪。供应商提供的电流互感器和电压互感器的精度不应低于 0.05 级，量程合适；且经过 CNAS 认可的第三方检测机构校验合格。

2）试验开展方式以供应商实际情况为准，接线原理图以 HV-MV 为例，如图 3-13 所示。

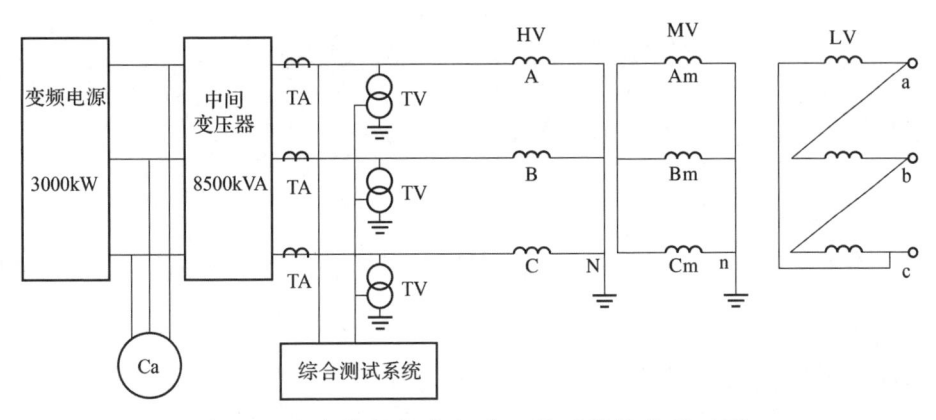

图 3-13 负载损耗和短路阻抗测量接线原理图

3）试验要求。

a. 测量在不低于 50% 的额定电流下，在额定和正负极限分接进行。

b. HV-MV 负载损耗基于 180MVA，短路阻抗基于 180MVA。

c. 应施加 50%~100% 的额定电流，三相变压器应以三相电流的算术平均值为基准。

d. 试验测量应迅速进行，避免绕组发热影响试验结果。

4）评分标准。分值为 10 分，试验测得 HV-MV 主分接（额定容量、75℃、不含辅机损耗）负载损耗数值符合技术协议要求分值为 10 分，不符合技术协议得 0 分；此外，损耗每减少 4kW 加 1 分，不足 1 分的加 0 分。

（3）声级测定。

1）设备仪器：抽检试验需各省公司提供或委托第三方提供传声器、声级计等仪器开展声级测定工作。

2）试验开展方式以供应商实际情况为准，试验线路分布如图 3-14 所示。

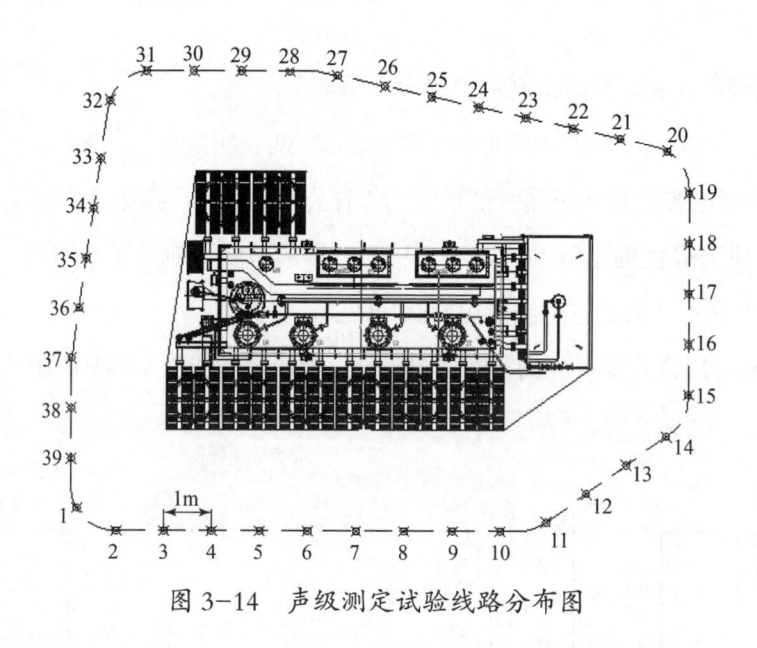

图 3-14 声级测定试验线路分布图

3）试验要求。

a. 声级测量在空载条件、额定频率和额定电压下，以及负载条件、额定频率和额定电流下进行。

b. ONAN 空载状态下距变压器 0.3m 测量。

c. ONAF 空载和负载状态下距变压器 2.0m 测量。

4）评分标准。分值为 10 分，试验测得（0.3m）声功率级/声压级和（2.0m）声功率级/声压级数值符合技术协议要求分值为 10 分，不符合技术协议得 0 分；此外，声级每减少 1dB（A）加 2 分，以声压级测量值最高值为基础计算加分。

第3章 变压器技术符合性评估工作实施

（4）温升试验。

1）设备仪器：抽检试验需供应商准备 3000kW 变频电源、8500kVA 中间变压器、126.9Mvar 补偿电容器和变压器测试系统，各省公司提供或委托第三方提供高精度功率分析仪。供应商提供的电流互感器和电压互感器的精度不应低于 0.05 级，量程合适；且经过 CNAS 认可的第三方检测机构校验合格。

2）试验开展方式以供应商实际情况为准，接线原理图以 HV-MV 为例，如图 3-15 所示。

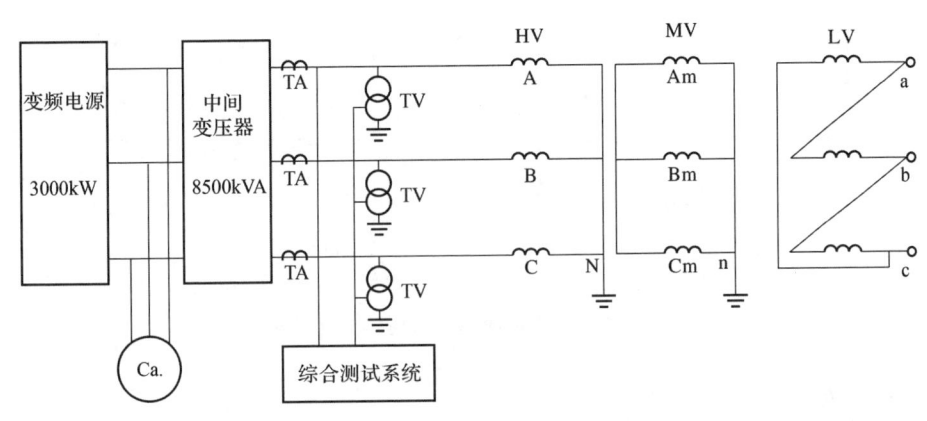

图 3-15 温升试验线路原理图

3）试验要求。

a. 监测油顶层、散热器进出口和环境温度。

b. 测温传感器的布置根据试品实际结构而定。

c. 采用短路法，选在最大电流分接上进行，施加的总损耗应是空载损耗与最大负载损耗之和。当顶层油温升的变化率小于每小时 1K 并维持 3h 时，取最后一个小时内的平均值为顶层油温，配以红外热像检测油箱温度。对于多种组合冷却方式的变压器，应进行各种冷却方式下的温升试验。

d. 试验测量应迅速进行，避免绕组发热影响试验结果。

4）评分标准。分值为 15 分，试验测得温升数值符合技术协议要求分值为 15 分，不符合技术协议得 0 分；此外，温升每减少 1K 加 2 分，以各温升测量值最高值为基础计算加分。

（5）线端雷电全波、截波冲击试验。

1）设备仪器：抽检试验需供应商准备 3000kV 冲击电压发生器 15 级、2400kV 分压器 3 级、2400kV 截断装置 12 级、BF-5124T 测量系统和 CCK-2712T 控制系统，且经过 CNAS 认可的第三方检测机构校验合格。

2）试验开展方式以供应商实际情况为准，试验线路以高压 A 相为例，如图 3-16 所示。

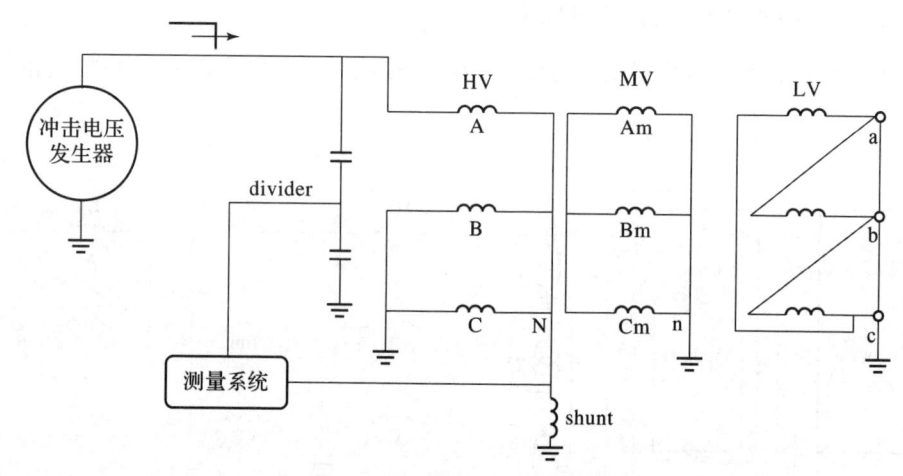

图 3-16 雷电冲击试验线路原理图

3）试验要求。

a. 如果分接范围 ≤ ±5%，变压器置于主分接试验；如果分接范围 > ±5%，试验应在两个极限分接和主分接进行，在每一相使用其中的一个分接进行试验。

b. 全波：波前时间一般为 1.2（1±30%）μs，半峰时间 50（1±20%）μs，电压峰值允许偏差为 ±3%。

c. 截波：截断时间应为 2~6μs，跌落时间一般不应大于 0.7μs，波的反极性峰值不应大于截波冲击峰值的 30%。

d. 对于 10μs 内的波形变化应做好记录。供应商应在试验报告中针对这些波形变化进行分析和解释。

4）评分标准。分值为 15 分，变压器无异常声响，电压、电流无突变，在降低试验电压下冲击与全试验电压下冲击的示波图上电压和电流的波形无明显差异，符合技术协议要求分值为 15 分，不符合技术协议得 0 分，一次性通过试验得满分，第一次不合格重复试验合格的扣 2 分，第二次、第三次分别扣 2 分，三次以上为 0 分。

（6）操作冲击试验。

1）设备仪器：抽检试验需供应商准备 3000kV 冲击电压发生器 15 级、2400kV 分压器 3 级、2400kV 截断装置 12 级、BF-5124T 测量系统和 CCK-2712T 控制系统，且经过 CNAS 认可的第三方检测机构校验合格。

2）试验开展方式以供应商实际情况为准，试验线路以高压 A 相为例，如图 3-17 所示。

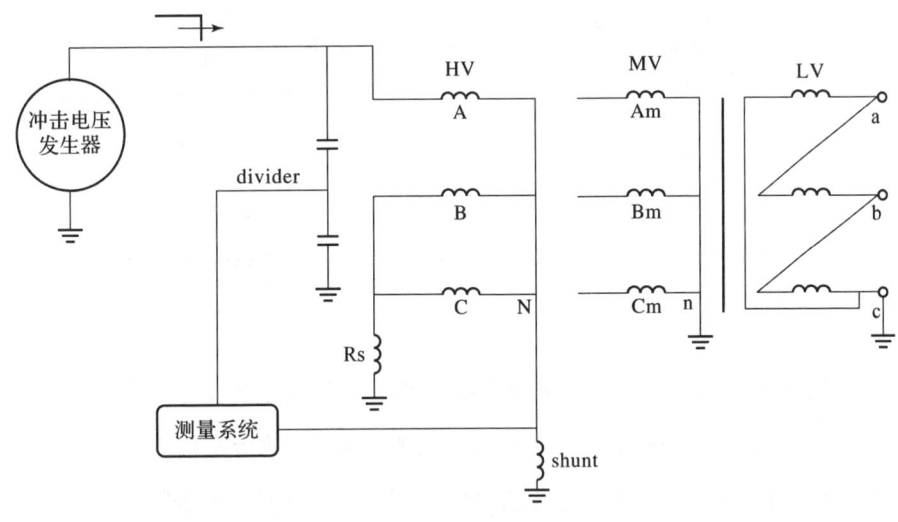

图 3-17　操作冲击试验线路原理图

3）试验要求。

a. 冲击电压波形从视在原点到峰值 T_p 至少为 100μs，超过 90% 规定峰值的时间 T_d 至少为 200μs，从视在原点到第一个零点的全部时间 T_z 至少为 1000μs。

b. 对于 200μs 内的波形变化应做好记录。供应商应在试验报告中针对这些波形变化进行分析和解释。

4）评分标准。分值为 10 分，变压器无异常声响，电压、电流无突变，在降低试验电压下冲击与全试验电压下冲击的示波图上电压和电流的波形无明显差异，符合技术协议要求分值为 10 分，不符合技术协议得 0 分，一次性通过试验得满分，第一次不合格重复试验合格的扣 2 分，第二次、第三次分别扣 2 分，三次以上为 0 分。

（7）带有局部放电测量的感应电压试验。

1）设备仪器：抽检试验需供应商准备 PFTS-200 20~300Hz 无局部放电变频电源、8500kVA 中间变压器、500kvar 干式电抗器、变压器测试系统和局部放电测试仪，且经过 CNAS 认可的第三方检测机构校验合格。

2）试验开展方式以供应商实际情况为准，试验线路如图 3-18 所示。

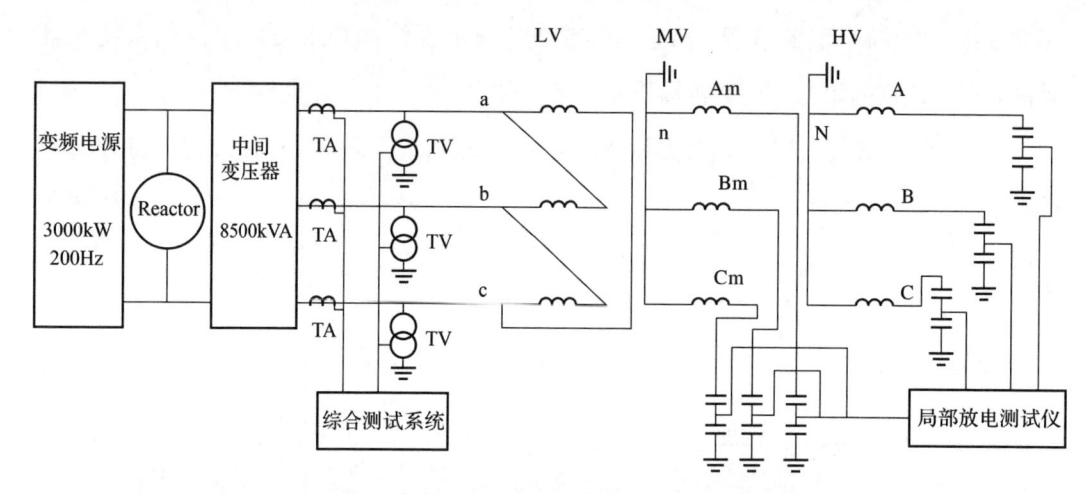

图 3-18 带有局部放电测量的感应电压试验线路原理图

3）试验要求。

a. 高压引线侧应无晕化，背景噪声应小于视在放电规定限值的一半。

b. 每个测量端子都应进行校准，并记录各测量端子间的传递系数。

c. 对于偶尔出现、不持续的脉冲信号应做好记录。供应商应在试验报告中针对这些信号进行分析和解释。

d. 提供铁心、夹件以及低压侧局部放电实测数据。

4）评分标准。

分值为 25 分，符合技术协议要求分值为 25 分，不符合技术协议得 0 分；若未一次性通过，后续进行修复的，未吊芯修复即通过试验的一次扣 3 分，吊芯修复后通过试验的，一次扣 5 分；试验数据缺失 1 项扣 3 分。

（8）外施工频耐压试验。

1）设备仪器：抽检试验需供应商准备 XZL-900kVA/300kV 成套串联谐振试验装置，且经过 CNAS 认可的第三方检测机构校验合格。

2）试验开展方式以供应商实际情况为准，试验线路以高压 A 相为例，如图 3-19 所示。

3）试验要求。

a. 试验频率 50Hz，持续时间 1min，试验电压经分压器使用峰值表测量。

b. 全电压试验值施加于被试绕组的所有连接在一起的端子与地之间，其他所有绕组的端子、铁心、夹件和油箱连在一起接地。

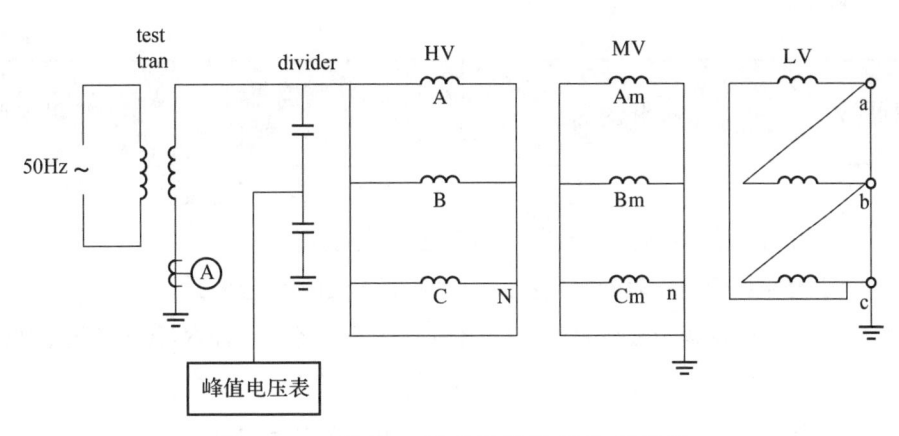

第3章 变压器技术符合性评估工作实施

图 3-19 外施工频耐压试验线路原理图

4）评分标准。分值为 5 分，试验电压不出现突然下降，则试验合格。符合技术协议要求分值为 5 分，不符合技术协议得 0 分。一次性通过试验的满分，第一次不合格重复试验合格的扣 2 分，第二次、第三次分别扣 2 分，三次以上为 0 分。

3.4.4 重点性能参数出厂试验细则

220kV 变压器重点性能参数出厂试验项目及要求见表 3-19。评分细则中的部分试验（如温升、声级等）为非常规出厂试验项目，如在某一次出厂试验过程中实际未开展，则相应项目的分数与同型号产品的相应项目的分数保持一致。

表 3-19　　重点性能参数出厂试验项目及评分细则

重点性能参数出厂试验	申报型号编号		申报供应商	
	申报设备型号		检测地点	
	检测人员		检测时间	
试验项目	试验要求		试验标准及评分细则	试验结果及评分
空载损耗测量	（1）仪器准备。各省公司提供或委托第三方提供高精度功率分析仪（抽检时）。供应商提供的电流互感器和电压互感器的精度不应低于 0.05 级，量程合适；且经过 CNAS 认可的第三方检测机构校验合格。			

续表

试验项目	试验要求	试验标准及评分细则	试验结果及评分
空载损耗测量	（2）空载损耗测量。当有效值电压表与平均值电压表读数之差大于3%时，应商议确定试验的有效性；怀疑有剩磁影响测量数据时，应要求退磁后复试。 （3）试验方法依据 GB/T 1094.1—2013	试验标准：符合技术协议要求。 评分细则：分值为10分，不符合技术协议得0分，符合技术协议得10分；此外，损耗每减少1kW加1分，不足1分的加0分	额定电压空载损耗：____kW 评分：
负载损耗测量	（1）仪器准备。各省公司提供或委托第三方提供高精度功率分析仪（抽检时）。供应商提供电流互感器和电压互感器，精度不应低于0.05级，量程合适；且经过CNAS认可的第三方检测机构校验合格。 （2）负载损耗测量。应施加50%~100%的额定电流，三相变压器应以三相电流的算术平均值为基准；试验测量应迅速进行，避免绕组发热影响试验结果。 （3）试验方法依据 GB/T 1094.1—2013	试验标准：符合技术协议要求。 评分细则：分值为10分，不符合技术协议得0分，符合技术协议得10分；此外，损耗每减少4kW加1分，不足1分的加0分	高一中主分接（额定容量、75℃、不含辅机损耗）负载损耗：____kW 评分：
声级测定	（1）仪器准备。各省公司提供或委托第三方提供传声器、声级计等仪器开展声级测定工作（抽检时）。 （2）声级测定。各传声器测量点应沿规定的轮廓线大致均匀地布置，且彼此之间的距离不大于1m。	试验标准：符合技术协议要求。 评分细则：分值为10分，不符合技术协议得0分，符合技术协议得10分；	（0.3m）声功率级/声压级：____dB（A） （2.0m）声功率级/声压级：____dB（A） 评分：

续表

试验项目	试验要求	试验标准及评分细则	试验结果及评分
声级测定	（3）试验方法依据 GB/T 1094.10—2003 和 GB/T 1094.101—2008	此外，声级每减少 1dB（A）加 2 分，以声压级测量值最高值为基础计算加分	
温升试验	（1）仪器准备。各省公司提供或委托第三方提供功率分析仪（抽检时），应用高精度的功率分析仪并开展该试验。供应商提供的电流互感器和电压互感器的精度不应低于 0.05 级，且量程合适；且经过 CNAS 认可的第三方检测机构校验合格。 （2）温升测量。选在最大电流分接上进行，施加的总损耗应是空载损耗与最大负载损耗之和。当顶层油温升的变化率小于每小时 1K 并维持 3h 时，取最后一个小时内的平均值为顶层油温，配以红外热像检测油箱温度。对于多种组合冷却方式的变压器，应进行各种冷却方式下的温升试验。 （3）试验方法依据 GB/T 1094.2—2017	试验标准：符合技术协议要求。 评分细则：分值为 15 分，不符合技术协议得 0 分，符合技术协议得 15 分；此外，温升每减少 1K 加 2 分，以各温升测量值最高值为基础计算加分	顶层油：　　K 高压绕组（平均）：　　K 中压绕组（平均）：　　K 低压绕组（平均）：　　K 绕组（热点）：　　K 油箱表面：　　K 评分：
线端雷电全波、截波冲击试验	（1）仪器准备。由供应商提供 CNAS 认可的第三方检测机构校验合格的试验仪器。	试验标准：符合技术协议要求。变压器无异常声响，电压、电流无突变，在降低试验电压下冲击与全试验电压下冲击的示波图上电压和电流的波形无明显差异。	□通过　□不通过 评分：

续表

试验项目	试验要求	试验标准及评分细则	试验结果及评分
线端雷电全波、截波冲击试验	（2）雷电冲击试验。对照试验方案，作好现场记录。如果分接范围≤±5%，变压器置于主分接试验；如果分接范围＞±5%，试验应在两个极限分接和主分接进行，在每一相使用其中的一个分接进行试验。 全波：波前时间一般为1.2（1±30%）μs，半峰时间50（1±20%）μs，电压峰值允许偏差±3%。 截波：截断时间应为2~6μs，跌落时间一般不应大于0.7μs，波的反极性峰值不应大于截波冲击峰值的30%。 （3）对于10μs内的波形变化应做好记录。供应商应在试验报告中针对这些波形变化进行分析和解释。 （4）试验方法依据 GB/T 1094.3—2017、GB/T 1094.4—2005	评分细则：分值为15分，不符合技术协议得0分，符合技术协议得15分。一次性通过试验的满分，第一次不合格重复试验合格的扣2分，第二次、第三次分别扣2分，三次以上为0分	□通过　□不通过 评分：
操作冲击试验	（1）仪器准备。由供应商提供 CNAS 认可的第三方检测机构校验合格的试验仪器。 （2）对照试验方案，做好现场记录。冲击电压波形从视在原点到峰值 T_p 至少为100μs，超过90%规定峰值的时间 T_d 至少为200μs，从视在原点到第一个零点的全部时间 T_z 至少为1000μs。	试验标准：符合技术协议要求。变压器无异常声响，电压、电流无突变，在降低试验电压下冲击与全试验电压下冲击的示波图上电压和电流的波形无明显差异。 评分细则：分值为10分，不符合技术协议得0分，符合技术协议得10分。	□通过　□不通过 评分：

第 3 章　变压器技术符合性评估工作实施

续表

试验项目	试验要求	试验标准及评分细则	试验结果及评分
操作冲击试验	（3）对于 200us 内的波形变化应做好记录。供应商应在试验报告中针对这些波形变化进行分析和解释。 （4）试验方法依据 GB/T 1094.3—2017、GB/T 1094.4—2005	一次性通过试验的满分，第一次不合格重复试验合格的扣 2 分，第二次、第三次分别扣 2 分，三次以上为 0 分	□通过　□不通过 评分：
带有局部放电测量的感应电压试验	（1）仪器准备。由供应商提供 CNAS 认可的第三方检测机构校验合格的试验仪器。 （2）局部放电测量。高压引线侧应无晕化。背景噪声应小于视在放电规定限值的一半。每个测量端子都应进行校准，并记录各测量端子间的传递系数。 （3）对于偶尔出现、不持续的脉冲信号应做好记录。供应商应在试验报告中针对这些信号进行分析和解释。 （4）提供铁心、夹件以及低压侧局部放电实测数据。 （5）试验方法依据 GB/T 1094.3—2017	试验标准：符合技术协议要求。 评分细则：分值为 25 分，不符合技术协议得 0 分，符合技术协议得 25 分。若未一次性通过，后续进行修复的，未吊芯修复即通过试验的一次扣 3 分，吊芯修复后通过试验的，一次扣 5 分。试验数据缺失 1 项扣 3 分	高压侧局部放电： 　　　　pC 中压侧局部放电： 　　　　pC 低压侧局部放电： 　　　　pC 铁心、夹件局部放电： 评分：
外施耐压试验	（1）仪器准备。由供应商提供 CNAS 认可的第三方检测机构校验合格的试验仪器。	试验标准：符合技术协议要求。试验电压不出现突然下降，则试验合格。 评分细则：分值为 5 分，不符合技术	□通过　□不通过 评分：

89

续表

试验项目	试验要求	试验标准及评分细则	试验结果及评分
外施耐压试验	（2）全电压试验值施加于被试绕组的所有连接在一起的端子与地之间，施加电压时间为1min，其他所有绕组端子、铁心、夹件和油箱连在一起接地。 （3）试验方法依据GB/T 1094.3—2017	协议得0分，符合技术协议得10分。一次性通过试验的满分，第一次不合格重复试验合格的扣2分，第二次扣2分，三次以上为0分	□通过　□不通过 评分：

3.4.5　出厂试验验证技术符合性评分

审核结束后，专家组总结试验验证情况，对试验验证技术符合性进行评分，形成"试验验证技术符合性审核作业表"，见附录Q。

3.5　技术符合性评估评分

专家组应综合标准执行、产品设计、关键原材料及组部件、生产制造能力和出厂试验验证等评估情况进行汇总评分，填写"变压器技术符合性评估结论"，见表3-19。经评估专家组与供应商双方签字确认。

3.6　技术符合性评估结论

变压器技术符合性评估旨在从变压器生产前的资料评审、生产过程中的生产制造能力评估，以及生产后的出厂试验抽检等多个层面进行把控，严格按照标准落实变压器技术符合性评估审核工作，促进变压器生产的精细化管理，提升变压器整体制造工艺水平。

（1）资料评审。主要包含技术标准符合性、产品设计合理性、关键原材料及组部件质量三部分内容，涉及基本技术资料、计算报告和试验报告等43份资料文件。专家组对文件内容的真实性、准确性、有效性，以及文件格式的规范性进行逐一审核，根据评分原则，给出评审修改意见，待供应商修改或澄清后给出资料评审分值。该环节的准确开展为变压器生产制造提供了必要准备。

（2）生产制造能力评审。从生产环境条件、外购件的质量管控能力、重要部件制造能力、设备检验试验能力和其他关键制造能力等五部分内容，对供应商生产过程中的关键环节进行审核。专家组通过现场审查的形式，分别对关键工艺控制水平、相关文件的抽查和设备的合格性等关键点进行审核，依据评分原则进行打分。该环节的严格执行为变压器生产工艺提供了有力保障。

（3）出厂试验抽检评审。针对出厂试验中的空载损耗、负载损耗、温升试验等八项实验进行现场抽检，专家组和供应商共同见证试验过程，并依据评分标准对产品试验性能进行评分。该环节的有效实施为变压器质量水平的管控提供了充分依据。

变压器技术符合性评估工作分别从资料评审、生产制造能力评审、出厂试验抽检评审三个环节，对变压器生产制造全过程进行严格审查，保障了变压器厂家严格按照技术协议合格、合规生产，推动了标准化评估流程的完善和技术标准的落实，促进了供应商对产品设计、结构、工艺和性能的改进，为后续绩效评价提供相关依据，从而全面提升变压器产品整体质量管理水平。

附录 A

变压器技术符合性评估申请表

申请时间：

单位名称 （盖章）	公司全称	法人代表	张三
单位地址		邮政编码	
联系人		联系电话	
设备型号		设备名称	
申请类型	初次申请□　　变更申请□　　后续产品出厂试验申请□			
技术符合性 评估申请号	设备类型缩写－供应商编码－设备维度编码－申请日期－版本号 举例：TR-1000009842-0302150303010304-20210112-01			
申报类型 简介	说明：申报类型主要参考电压等级、相数、容量、绕组方式、冷却方式、调压方式、电压等级比等分类维度。			

序号	要求（请将对应设备维度内容进行勾选☑）
1	220kV □
2	三相□
3	240MVA □　　　180MVA □ 150MVA □　　　120MVAR ☑ 其他：_____□
4	自耦□、双绕组□、三绕组□
5	单主柱□、双主柱□、三主柱□
6	自然冷却/油浸自冷（ONAN）☑ 强迫油循环风冷（OFAF）□ 强迫油循环导向风冷（ODAF）□ 自然油循环风冷（ONAF）□ 强迫油循环导向水冷（ODWF）□

附录 A 变压器技术符合性评估申请表

续表

	序号	要求（请将对应设备维度内容进行勾选☑）
申报类型简介	6	强迫油循环风冷（OFAF）□ 其他：_____□
	7	无励磁调压□、有载调压□
	8	220/110/35 □、220/110/10 □、其他：_____□
	9	符合 GB 20052—2020 能效等级要求： NX1□ NX2□ NX3□ 其他：_____□

注：技术符合性评估申请号命名规范

命名规范包含以下五部分：

设备类型缩写	供应商编码	设备维度编码	申请日期	版本号
1	2	3	4	5

填写要求：

（1）设备类型缩写：如变压器 TR。

（2）供应商编码：已完成国家电网有限公司供应商登记的供应商组织编码，如 1000009842。

（3）设备维度编码：按照设备分类维度进行编码，具体参考附表 A1，如 0302150303010304。

（4）申请日期：填写年（4 位数字）+月（2 位数字）+日（2 位数字）。

（5）版本号：按 2 位数字进行编码，由 01 开始，每发生一次变更加 1。

附表 A1　　　　　变压器设备维度表

序号	维度	编号	具体要求
1	电压等级	01	500kV
		02	1000kV
		03	750kV
		04	330kV
		05	220kV

93

续表

序号	维度	编号	具体要求
2	相数	01	单相
		02	三相
3	容量	01	1500MVA
		02	1000MVA
		03	700MVA
		04	500MVA
		05	400MVA
		06	382MVA
		07	360MVA
		08	334MVA
		09	300MVA
		10	250MVA
		11	240MVA
		12	180MVA
		13	167MVA
		14	150MVA
		15	120MVA
		16	90MVA
		17	75MVA
4	绕组型式	01	自耦
		02	双绕组
		03	三绕组
5	主柱数量	01	单相：单主柱
		02	单相：双主柱
		03	单相：三主柱
		04	三相：其他
6	冷却方式	01	自然冷却/油浸自冷（ONAN）
		02	强迫油循环风冷（OFAF）
		03	强迫油循环导向风冷（ODAF）
		04	自然油循环风冷（ONAF）
		05	强迫油循环导向水冷（ODWF）
		06	强迫油循环风冷（OFAF）

续表

序号	维度	编号	具体要求
7	调压方式	01	无励磁主柱调压（单相）
		02	无励磁旁柱调压（单相）
		03	有载主柱调压（单相）
		04	有载旁柱调压（单相）
		05	无励磁调压（单相）
		06	有载调压（单相）
		07	无励磁调压（三相）
		08	有载调压（三相）
8	电压比	01	500/220/35
		02	500/220/66
		03	500/20
		04	$(1050/\sqrt{3})/(520/\sqrt{3} \pm 10 \times 0.5\%)/110$
		05	$(1050/\sqrt{3})/(525/\sqrt{3} \pm 4 \times 1.25\%)/110$
		06	$765/\sqrt{3}/(230/\sqrt{3})/63$
		07	$765/\sqrt{3}/530/\sqrt{3}/63$
		08	$765/\sqrt{3}/230/\sqrt{3}/63$
		09	$(345 \pm 8 \times 1.25\%)/121/35$
		10	220/110/35
		11	220/110/20
		12	220/110/10
		13	220/66/10
		14	220/35/10
		15	220/66
		16	220/35
		17	220/20
		18	220/10
		19	220/6
9	能效等级	01	NX1（符合 GB 20052—2020 中 1 级能效等级要求）
		02	NX2（符合 GB 20052—2020 中 2 级能效等级要求）
		03	NX3（符合 GB 20052—2020 中 3 级能效等级要求）
		04	其他

附录 B
参加国家电网有限公司设备技术符合性评估承诺书

国家电网有限公司：

　　_____（××）_____自愿参加国家电网有限公司开展的设备技术符合性评估工作（以下简称"评估工作"），积极配合提交资料，主动提升电网设备的制造质量和安全运行的可靠性，郑重作出如下承诺：

　　一、我公司将积极配合国家电网有限公司开展设备技术符合性评估工作，保障填报的信息及上传的资料真实、有效、及时。

　　二、评估过程中，对于合理的资料需求，我司将积极配合提供图纸、质量证明文件、检验报告及其他原始凭证文件资料等审查资料，并为国家电网有限公司现场取证提供便利（如照相、收集文件资料等）。

　　三、我公司将遵守国家电网有限公司对设备技术符合性评估要求，生产过程及后期运行中，不提供虚假资料。

　　四、如需要对我司主要外购材料、部件的供应商进行现场审查时，我司将负责协调，积极配合国家电网有限公司对相关供应商进行现场审查。

　　五、我公司遵守国家电网有限公司廉洁自律要求，在业务交往过程中，按照有关法律法规和程序开展工作，严格执行国家的有关方针、政策，并遵守以下规定：

　　（1）自觉遵守国家有关法律法规，诚信守法经营。

　　（2）不以任何名义向评估工作人员赠送礼金、有价证券、贵重物品等财物。

　　（3）不向评估工作人员支付或报销任何费用。

　　（4）不向评估工作人员提供宴请及娱乐活动。

　　（5）对评估工作人员提出的与工作无关的非正当要求，应予以拒绝，并如实向督查人员或国家电网有限公司设备部反映。

（6）如有违反上述承诺行为，将承担相应责任或后果。

　　承诺人：_____供应商名称并盖章_____（盖章）

　　　　　　　　　　　　　　　　　　　　　年　月　日

附录 C
供应商提交资料清单

供应商名称		申报型号编号	
序号	文件名称		上传时间节点
1	变压器技术符合性评估申请表		中标后 7 日内
2	参加变压器技术符合性评估审查承诺书		中标后 7 日内
3	审查资料清单		设计联络会后 30 日内
4	供应商投标文件		设计联络会后 30 日内
5	采购技术协议		设计联络会后 30 日内
6	基本电气参数表		设计联络会后 30 日内
7	供应商产品历史故障自查表		设计联络会后 30 日内
8	电场分析报告		设计联络会后 30 日内
9	磁场分析报告		设计联络会后 30 日内
10	温度场分析报告		设计联络会后 30 日内
11	抗短路能力第三方校核报告		设计联络会后 30 日内
12	波过程计算报告		设计联络会后 30 日内
13	过励磁能力计算报告		设计联络会后 30 日内
14	运行寿命分析报告		设计联络会后 30 日内
15	抗震计算报告		设计联络会后 30 日内
16	油箱机械强度计算报告		设计联络会后 30 日内
17	直流偏磁耐受能力计算报告		设计联络会后 30 日内
18	过负荷能力计算报告		设计联络会后 30 日内
19	噪声计算报告		设计联络会后 30 日内
20	关键工艺说明		设计联络会后 30 日内
21	分接开关选型报告		设计联络会后 30 日内
22	套管选型报告		设计联络会后 30 日内
23	压力释放阀选型报告		设计联络会后 30 日内
24	气体继电器选型报告		设计联络会后 30 日内

续表

序号	文件名称	上传时间节点
25	外形图	设计联络会后30日内
26	关键原材料及组部件供应商审查备案表	设计联络会后30日内
27	套管型式试验报告	设计联络会后30日内
28	套管图纸	设计联络会后30日内
29	套管尺寸表	设计联络会后30日内
30	分接开关型式试验报告	设计联络会后30日内
31	气体继电器型式试验报告	设计联络会后30日内
32	压力释放阀型式试验报告	设计联络会后30日内
33	绝缘纸板、绝缘件型式试验报告	设计联络会后30日内
34	关键原材料及组部件进厂检验方法	设计联络会后30日内
35	变压器型式试验报告	设计联络会后30日内
36	型式试验产品与申报产品关键原材料及组部件供应商审查备案表	设计联络会后30日内
37	变压器型式试验产品与申报产品一致性对比表	设计联络会后30日内
38	变压器短路承受能力试验报告	设计联络会后30日内
39	短路承受能力试验产品与申报产品关键原材料及组部件供应商审查备案表	设计联络会后30日内
40	变压器短路承受能力试验产品与申报产品一致性对比表	设计联络会后30日内
41	申报产品出厂试验方案	设计联络会后30日内
42	变压器原材料参数设计值	设计联络会后30日内
43	本体和关键组部件说明书	设计联络会后30日内
厂家承诺	表中提供的资料用于申报型号编号为×××的设备×××审查，×××供应商承诺，所提交的资料真实，与申报型号具备一致性。 厂家签章： 日期：	

附录 D

基本电气参数表

序号	名称	项目		标准参数值	
1	额定值	变压器型式或型号			
		a. 额定电压（kV）	高压绕组		
			中压绕组		
			低压绕组		
		b. 额定频率（Hz）			
		c. 额定容量（MVA）	高压绕组		
			中压绕组		
			低压绕组		
		d. 相数			
		e. 调压方式			
		f. 调压位置			
		g. 调压范围			
		h. 主分接的短路阻抗和允许偏差（全容量下）		短路阻抗（%）	允许偏差（%）
		高压—中压			
		高压—低压			
		中压—低压			
		i. 冷却方式			
		j. 联结组标号			
2	绝缘水平	a. 雷电全波冲击电压（kV，峰值）	高压线端		
			中压线端		
			低压线端		
			高压中性点端子		
			中压中性点端子		

续表

序号	名称	项目		标准参数值	
2	绝缘水平	b. 雷电截波冲击电压（kV，峰值）	高压线端		
			中压线端		
			低压线端		
		c. 操作冲击电压（kV，峰值）	高压线端（对地）		
		d. 短时工频耐受电压（kV，方均根值）	高压线端		
			中压线端		
			低压线端		
			高压中性点端子		
			中压中性点端子		
3	温升限值（K）	顶层油			
		绕组（平均）			
		绕组（热点）			
		油箱、铁心及金属结构件表面			
4	极限分接下短路阻抗和允许偏差（全容量下）	a. 最大分接		短路阻抗（%）	允许偏差（%）
		高压—中压			
		高压—低压			
		中压—低压			
		b. 最小分接		短路阻抗（%）	允许偏差（%）
		高压—中压			
		高压—低压			
		中压—低压			
5	绕组电阻（Ω，75℃）	a. 高压绕组	主分接		
			最大分接		
			最小分接		
		b. 中压绕组			
		c. 低压绕组			

续表

序号	名称	项目		标准参数值
6	电流密度（A/mm²）	a. 高压绕组		
		b. 中压绕组		
		c. 低压绕组		
		d. 调压绕组		
7	匝间最大工作场强（kV/mm）	设计值		
8	铁心参数	铁心柱磁通密度（额定电压、额定频率时，T）		
		硅钢片比损耗（W/kg）		
		铁心计算总质量（t）		
9	空载损耗（kW）	额定频率额定电压时空载损耗		
		额定频率1.1倍额定电压时空载损耗		
10	空载电流（%）	a. 100%额定电压时		
		b. 110%额定电压时		
11	负载损耗（kW，75℃）	高压—中压	主分接	
			其中杂散损耗	
			最大分接	
			其中杂散损耗	
			最小分接	
			其中杂散损耗	
		高压—低压	主分接	
			其中杂散损耗	
			最大分接	
			其中杂散损耗	
			最小分接	
			其中杂散损耗	
		中压—低压	损耗	
			其中杂散损耗	

续表

序号	名称	项目		标准参数值
12	噪声水平[dB(A)]（声压级）	100%负荷状态下合成噪声		
13	可承受的2s出口对称短路电流值（kA，忽略系统阻抗）	高压绕组		
		中压绕组		
		低压绕组		
		短路2s后绕组平均温度计算值（℃）		
14	在 $1.58\times U_r/\sqrt{3}$ kV下局部放电水平（pC）	高压绕组		
		中压绕组		
		低压绕组		
15	绕组连同套管的 $\tan\delta$（%）	高压绕组		
		中压绕组		
		低压绕组		
16	无线电干扰水平	在 $1.1\times U_m/\sqrt{3}$ kV下无线电干扰水平（μV）		
17	质量和尺寸	a. 安装尺寸（长×宽×高，m×m×m）		
		b. 运输尺寸（长×宽×高，m×m×m）		
		c. 重心高度（m）		
		d. 安装质量（t）	器身质量	
			上节油箱质量	
			油质量（含备用）	
			总质量	
		e. 运输质量（t）		
		f. 变压器运输时允许的最大倾斜度（°）		

续表

序号	名称	项目	标准参数值		
18	散热器	每组冷却容量（kW）			
		型式			
		数量			
		每组质量（t）			
19	套管	型号规格	a. 高压套管		
			b. 中压套管		
			c. 低压套管		
			d. 中性点套管		
		额定电流（A）	a. 高压套管		
			b. 中压套管		
			c. 低压套管		
			d. 中性点套管		
		绝缘水平（LI/AC，kV）	a. 高压套管		
			b. 中压套管		
			c. 低压套管		
			d. 高压中性点套管		
			e. 中压中性点套管		
		66kV 及以上套管在 $1.58 \times U_r/\sqrt{3}$ kV 下局部放电水平（pC）	a. 高压套管		
			b. 中压套管		
			c. 高压中性点套管		
			d. 中压中性点套管		
		电容式套管 tanδ（%）及电容量（pF）		tanδ	电容量
		a. 高压套管			
		b. 中压套管			
		c. 高压中性点套管			
		d. 中压中性点套管			
		套管的弯曲耐受负荷（kN）		水平	横向	垂直
		a. 高压套管			
		b. 中压套管			

续表

序号	名称	项目		标准参数值	
19	套管		c. 低压套管		
			d. 高压中性点套管		
			e. 中压中性点套管		
		套管的爬距（等于标准爬距乘以直径系数 K_d, mm）	a. 高压套管		
			b. 中压套管		
			c. 低压套管		
			d. 中性点套管		
		套管的干弧距离（应乘以海拔修正系数 K_H, mm）	a. 高压套管		
			b. 中压套管		
			c. 低压套管		
			d. 高压中性点套管		
			e. 中压中性点套管		
		套管的爬距/干弧距离			
		套管平均直径（mm）	a. 高压套管		
			b. 中压套管		
			c. 低压套管		
			d. 高压中性点套管		
			e. 中压中性点套管		
20	套管式电流互感器	装设在高压侧	绕组数		
			准确级		
			电流比		
			二次容量（VA）		
			F_s 或 ALF		
		装设在中压侧	绕组数		
			准确级		
			电流比		
			二次容量（VA）		
			F_s 或 ALF		

续表

序号	名称	项目		标准参数值	
20	套管式电流互感器	装设在高压中性点侧	绕组数		
			准确级		
			电流比		
			二次容量（VA）		
			F_s 或 ALF		
		装设在中压中性点侧	绕组数		
			准确级		
			电流比		
			二次容量（VA）		
			F_s 或 ALF		
21	分接开关	型号			
		额定电流（A）			
		级电压（kV）			
		有载分接开关电气寿命（次）			
		绝缘水平（LI/AC，kV）			
		有载分接开关的驱动电机	功率（kW）		
			相数		
			电压（V）		
22	压力释放装置	型号			
		台数			
		释放压力（MPa）			
23	工频电压升高倍数和持续时间	工频电压升高倍数（相—地）		空载持续时间	满载持续时间
		1.05			
		1.1			
		1.25			
		1.9			
		2.0			

续表

序号	名称	项目	标准参数值	
			空载持续时间	满载持续时间
23	工频电压升高倍数和持续时间	工频电压升高倍数（相—相）		
		1.05		
		1.1		
		1.25		
		1.5		
		1.58		
24	变压器油	提供的新油（包括所需的备用油）	过滤后应达到油的击穿电压（kV）	
			$\tan\delta$（90℃，%）	
			含水量（mg/L）	

附录 E
供应商产品历史故障自查表

供应商				
型号			备注	
序号	故障部位	故障简况	原因分析	改进措施

本表为供应商收集的申报产品同型号设备在厂内、调试及运行的历史故障（异常）情况，应包含变压器关键部位如套管、分接开关、压力释放阀、气体继电器、原材料及组部件引发的故障信息，详细的故障情况、原因分析、改进措施等内容须另附报告。

附录 F
产品设计资料填写要求

（1）按附录模板完整填写"基本电气参数表""供应商产品历史故障自查表"。

（2）电场分析报告。

通过软件仿真分析变压器的电场分布情况，应考虑产品在试验、现场工况可能出现的最严苛的电场分布情况，针对关注的区域，选取合适的工况针对性分析。分析报告应明确说明被分析的工况与关注的电场区域的关系，确保分析出最严苛的电场分布。

变压器内部电场分析应包括绕组端部电场分析、高压出线及套管均压球部分的电场分析、绕组间主绝缘电场分析以及柱间连线（若为多柱结构）电场分析，要求给出对应的场强分布图、电场屏蔽措施、关注区域最大场强和包括油隙在内的对应的场强设计裕度值。对于短时工频耐受计算条件施加电压应考虑折算到 1min 工频对应电压。

提供套管间和套管对地外空气间隙的实际值，并与标准中对应的要求值核对。

（3）磁场分析报告。

通过软件仿真分析变压器的磁场分布情况，磁场分析报告重点分析漏磁在绕组中、磁屏蔽、磁分路（如有）、外部金属结构件中的分布情况，要求给出对应的漏磁分布图，并针对性地分析漏磁引起的结构件局部过热问题，提出解决措施。

（4）温度场分析报告。

通过软件仿真分析变压器的温度场分布情况，温度场分析报告应根据发热、冷却、负荷要求、冷却方式等要求，分析绕组温度分布（需提供绕组内油道的设置）、绕组平均温升、油顶层温升、热点温升及位置，提供温度分布图、裕度分析和针对性的措施。

如有光纤预埋要求，应提供光纤预埋位置选择的依据、光纤预埋方案、试验记录及试验结果、试验与设计的偏差对比分析。

（5）抗短路能力第三方校核报告。

抗短路能力校核报告计算结果以国家电网认可的第三方出具为准。

（6）波过程计算报告。

通过软件仿真对变压器的雷电波过程进行分析，提供线端全波、中性点全波、线端截波等波过程分析。要求能给出关键绕组节点的电压、绕组内电位梯度分布及裕度，并说明降低电位梯度所采取的措施。

（7）过励磁能力报告。

根据技术规范书中对系统可能出现的过励磁工况要求，针对性分析产品的过励磁能力，提供裕度分析及针对性措施。

（8）运行寿命分析。

以表格形式列出本体和关键组部件的寿命，并与国家电网要求进行对比。

应提供本体和组部件的寿命分析。组部件包括密封件、分接开关、套管、胶囊、冷却装置、蝶阀、油泵、风机、油漆。

（9）抗震计算报告。

通过软件仿真分析变压器的抗震能力，提供产品的抗震分析报告，说明增加抗震能力的措施。

（10）油箱机械强度计算报告。

通过软件仿真分析变压器的油箱机械强度，针对试验及运输的要求，核算油箱机械强度，提供裕度分析、防爆分析及针对性措施，要有储油柜高度、出线位置、压力释放值、压力释放阀安装位置等因素分析。

（11）直流偏磁耐受能力报告。

仿真计算直流偏磁下，变压器空载工况以及额定负载工况下直流偏磁耐受值。仿真计算结果包括以下几部分的内容：

1）变压器直流偏磁下的励磁电流波形计算。

2）不同直流偏磁条件下变压器内部漏磁场与损耗分布。

3）变压器直流偏磁下的绕组热点温度与金属结构件温升。

根据变压器空载及额定负载工况下的直流偏磁试验（如有），给出试验测量结果，包括以下几部分内容（如有）：

1）给出励磁电流测量值与损耗测量值。

2）给出励磁电流谐波分布。

3）给出噪声声级测量值、油箱振动加速度及峰—峰值、偏磁条件下的损耗测量结果。

4）给出试验前后的油样测试结果。

5）给出顶层油、绕组热点及金属结构件（如有）的温升测量值。

（12）过负荷能力计算报告。

根据技术规范书要求及相关国家标准要求，分析产品长时和短时过负荷能力，按标准要求提供温度上升曲线，特别是热点温度上升曲线，以备运行可能出现的过负荷工况决策参考。

（13）噪声计算报告。

根据技术规范书要求及相关国家标准要求，提供噪声计算报告及采取的降噪措施。

（14）关键工艺说明。

提供盖章版的产品主要工艺流程图及简要说明，内容至少应包含关键工艺的识别、概要说明、依据的工艺文件编号和条款。

提供现行有效的工艺手册总目录。

提供工艺执行过程实例证明（如硅钢片叠装系数、硅钢片裁剪后的毛刺高度）。

（15）分接开关选型报告。

选型报告应详细说明主要参数选取、绝缘的配合、过负荷能力、开关满负荷的分合寿命、独立油室的压力耐受水平、开关电动机构箱等级以及在极寒天气下配置的防冻措施（如有极端天气的情况下）等（参考分接开关供应商的选型报告）。分接开关如选用气体继电器，应说明气体继电器干簧管尾部的绝缘是否为全绝缘结构（全绝缘指干簧管尾部管脚引出至接线部位均有绝缘包扎，未裸露在外）。

（16）套管选型报告。

选型报告应详细说明主要参数选取、绝缘的配合、过负荷能力、套管结构、套管保持微正压运行的措施、套管接线端子材质等。

（17）压力释放阀选型报告。

选型报告详细说明口径、释放压力、布置位置和数量的选取依据。应包括压力释放阀动作性能、密封性能、排量性能、在规定振动频率下开关接点可靠性情况、信号开关接点容量、信号开关绝缘性能、密封圈耐油及耐老化性能、外观要求、外壳防护性能、防潮、防盐雾和防霉菌的要求、抗振动能力等内容。

（18）气体继电器选型报告。

气体继电器选型报告应写明气体继电器的制造厂、型号规格、结构、设计尺寸、选型依据，其中选型依据应详细说明气体继电器整定流速对气体继电器管径、储油柜的高度等影响因素的考虑。应包含气体信号节点动作时，气体容积的大小。

（19）外形图。

整体外形图（工程制图标准）

附录 G
关键原材料及组部件供应商审查备案表

申报供应商			
申报型号编号		申报型号名称	
序号	关键原材料、组部件	型号/规格	供应商清单
1	绕组线		
2	硅钢片		
3	变压器油		
4	绝缘成型件		
5	绝缘纸板		
6	电工层压木		
7	密封件		
8	高压套管		
9	中压套管		
10	低压套管		
11	中性点套管		
12	储油柜		
13	储油柜胶囊		
14	油位计		
15	免维护吸湿器		
16	气体继电器		
17	有载分接开关及操动机构		
18	无励磁分接开关		
19	压力释放装置		
20	油面温控器		

续表

序号	关键原材料、组部件	型号/规格	供应商清单
21	绕组温控器		
22	散热器（冷却器）		
23	风扇		
24	蝶阀		
25	球阀		
26	油泵		
27	压力突发继电器		
供应商意见	×××供应商承诺所供×××型号设备的关键原材料及组部件供应商与备案供应商一致。 供应商签章： 日期：		

附录 H

套管尺寸表

为了规范变压器套管的尺寸规格,提高互换性,变压器套管的尺寸规范如下,请供应商提供相应的套管尺寸及相关信息,对应填入下表灰色区域,并正式盖章确认。

(1) 220kV 变压器高压侧套管(见表 H1)。

(2) 220kV 变压器中性点套管(见表 H2)

(3) 220kV 变压器中压侧套管(见表 H3)。

(4) 220kV 变压器低压侧套管(见表 H4)。

表 H1　220kV 变压器高压侧套管（导杆式）主要尺寸

额定电压 (kV)	额定电流 (A)	安装法兰 孔中心距 a_1 (mm)	外径 d (mm)	孔数孔径 $n_1 \times d_1$ (mm)	密封面直径 R (mm)	油中接线端子 孔数孔径 $n_2 \times d_2$ (mm)	孔距 b_2 (mm)	孔高 h_2 (mm)	板面 $h_1 \times b_1$ (mm)	板厚 (mm)	结构型式	均压球接口 插入深度 L_4 (mm)	上口内径 d_4 (mm)	安装卡柱连接方式尺寸及孔数	油中尺寸 总长 L_1 (mm)	油中最大直径 d_3 (max) (mm)	接地长度 L_2 (min) (mm)	油中绝缘长度（推荐值）L_3 (mm)	套管TA内径 (min) (mm)

表 H2　220kV 变压器中性点套管（导杆式）主要尺寸

额定参数 电压 (kV)	电流 (A)	安装法兰 孔中心距 a_1 (mm)	外径 d (mm)	孔数-孔径 $n_1 \times d_1$ (mm)	密封面直径 R (mm)	油中接线端子 孔数孔径 $n_2 \times d_2$ (mm)	孔距 b_2 (mm)	孔高 h_2 (mm)	板面 $h_1 \times b_1$ (mm)	板厚 (mm)	结构型式	油中尺寸 总长 L_1 (mm)	油中最大直径 d_3 (mm)	接地长度 L_2 (min) (mm)	油中绝缘长度（推荐值）L_3 (mm)	套管TA内径 (max) (mm)

附录 H 套管尺寸表

表 H3　220kV 变压器中压侧套管（导杆式）主要尺寸

额定参数		安装法兰			油中接线端子					油中尺寸			
电压(kV)	电流(A)	孔中心距 a_1 (mm)	外径 d (mm)	孔数-孔径 $n_1 \times d_1$ (mm)	密封面直径 R (mm)	孔数孔径 $n_2 \times d_2$ (mm)	孔距 b_2 (mm)	孔高 h_2 (mm)	板面 $h_1 \times b_1$ (mm)	板厚 (mm)	结构型式	总长 L_1 (mm)	油中最大直径 d_3 (mm)	接地长度(min) L_2 (mm)	油中绝缘长度(推荐值) L_3 (mm)	套管TA内径(min) (mm)

表 H4　220kV 变压器低压侧套管（导杆式）主要尺寸

额定参数		安装法兰			油中接线端子					油中尺寸			
电压(kV)	电流(A)	孔中心距 a_1 (mm)	外径 d (mm)	孔数-孔径 $n_1 \times d_1$ (mm)	密封面直径 R (mm)	孔数孔径 $n_2 \times d_2$ (mm)	孔距 b_2 (mm)	孔高 h_2 (mm)	板面 $h_1 \times b_1$ (mm)	板厚 (mm)	结构型式	总长 L_1 (mm)	油中最大直径 d_3 (mm)	接地长度(min) L_2 (mm)	油中绝缘长度(推荐值) L_3 (mm)	套管TA内径(min) (mm)

220kV变压器套管（导杆式）主要尺寸如图H1所示。

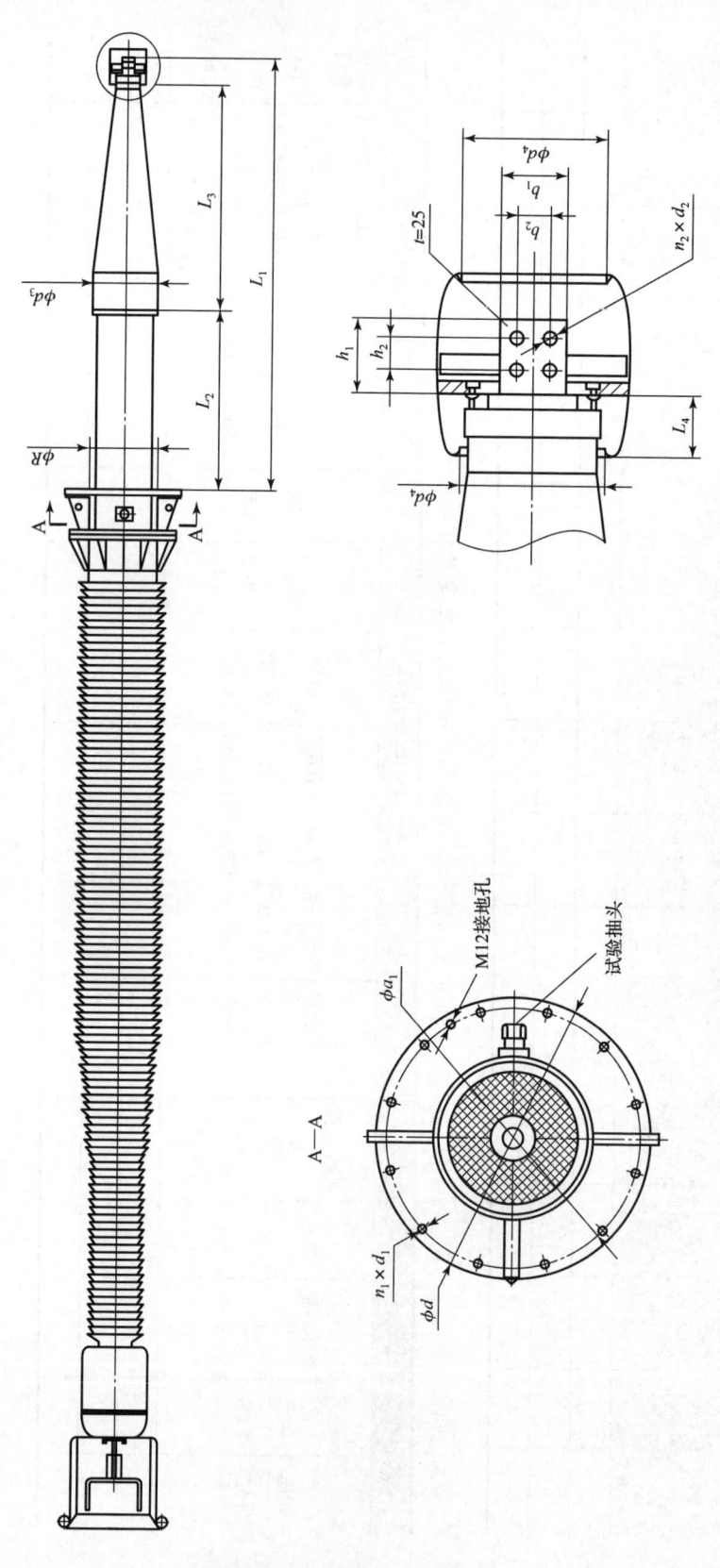

图H1 220kV变压器套管（导杆式）主要尺寸

附录 I

型式试验产品与申报产品关键原材料及组部件供应商审查备案表

申报供应商					
申报型号编号		申报型号名称			
序号	关键原材料、组部件	型式试验产品		申报产品	
		型号/规格	供应商清单	型号/规格	供应商清单
1	绕组线				
2	硅钢片				
3	变压器油				
4	绝缘成型件				
5	绝缘纸板				
6	电工层压木				
7	密封件				
8	高压套管				
9	中压套管				
10	低压套管				
11	中性点套管				
12	储油柜				
13	储油柜胶囊				
14	油位计				
15	免维护吸湿器				
16	气体继电器				

续表

序号	关键原材料、组部件	型式试验产品		申报产品	
		型号/规格	供应商清单	型号/规格	供应商清单
17	有载分接开关及操动机构				
18	无励磁分接开关				
19	压力释放装置				
20	油面温控器				
21	绕组温控器				
22	散热器（冷却器）				
23	风扇				
24	蝶阀				
25	球阀				
26	油泵				
27	压力突发继电器				
供应商意见	×××供应商承诺所供型式试验的×××型号设备与申报×××型号设备的关键原材料及组部件的供应商为上表所述。 供应商签章： 日期：				

附录 J
型式试验产品与申报产品一致性对比表

变压器型式试验一致性对照表

型式试验产品基本信息			
型号		用户	
制造时间		制造单位	
试验时间		试验单位	
型式试验报告编号			
型式试验产品		申报品类	
项目	协议要求	项目	协议要求
主要参考标准		主要参考标准	
GB 1094.1-5		GB 1094.1-5	
GB/T 1095.10，GB/T 15164，GB/T 13499		GB/T 1095.10，GB/T 15164，GB/T 13499	
…		…	
用户类型		用户类型	
变压器容量（MVA）		变压器容量（MVA）	
（1）电压等级（kV）		（1）电压等级（kV）	
（2）电压比		（2）电压比	
（3）联结组别		（3）联结组别	
（4）绕组型式		（4）绕组型式	
（5）相数		（5）相数	
（6）冷却方式		（6）冷却方式	
（7）调压方式		（7）调压方式	

续表

（8）线圈型式	铁心 → →	（8）线圈型式	铁心 → →
	→ →		→ →
	→ →		→ →
	→ →油箱		→ →油箱
（9）线圈出线型式	铁心 → →	（9）线圈出线型式	铁心 → →
	→ →		→ →
	→ →		→ →
	→ →油箱		→ →油箱
（10）线圈排列	铁心 → →	（10）线圈排列	铁心 → →
	→ →		→ →
	→ →		→ →
	→ →油箱		→ →油箱
（11）铁心型式		（11）铁心型式	
其他型式线圈说明			
其他1		其他2	
其他3		其他4	
自评结论：通过对上述主要参数的比较，型式试验报告与申报品类具有一致性			

填写人签名： 　　　　　　　　　　　　　　　　　　单位盖章

附录 K

短路承受能力试验产品与申报产品关键原材料及组部件供应商审查备案表

申报供应商					
申报型号编号		申报型号名称			
序号	关键原材料、组部件	短路承受能力试验产品		申报产品	
		型号/规格	供应商清单	型号/规格	供应商清单
1	绕组线				
2	硅钢片				
3	变压器油				
4	绝缘纸板				
5	密封件				
6	高压套管				
7	中压套管				
8	低压套管				
9	中性点套管				
10	储油柜				
11	储油柜胶囊				
12	油位计				
13	免维护吸湿器				
14	气体继电器				
15	有载分接开关及操作机构				

续表

序号	关键原材料、组部件	短路承受能力试验产品		申报产品	
		型号/规格	供应商清单	型号/规格	供应商清单
16	无励磁分接开关				
17	压力释放装置				
18	油面温控器				
19	绕组温控器				
20	散热器（冷却器）				
21	风扇				
22	蝶阀				
23	球阀				
24	油泵				
25	压力突发继电器				
26	各类绝缘纸				
27					
28					
29					
供应商意见	×××供应商承诺所供短路承受能力试验的×××型号设备与申报×××型号设备的关键原材料及组部件的供应商为上表所述。 供应商签章： 日期：				

附录 L

产品设计技术符合性审核作业表

一、基本信息

申报供应商			
申报型号编号		申报型号名称	
工作任务	产品设计技术符合性审核		
开始时间		结束时间	
工作地点			
审查组长		审查组员	

二、作业前准备

序号	准备项	准备次项	准备项内容	工作负责人确认
1	作业前准备	资料	（1）厂家准备好标准设计图纸审查阶段的资料。 （2）审查组准备好审查过程记录表格	确认 （　　）

三、技术符合性评分

序号	作业内容	评分	备注
1	基本电气参数表		
2	供应商产品历史故障自查表		
3	电场分析报告		
4	磁场分析报告		
5	温度场分析报告		

续表

序号	作业内容	评分	备注
6	抗短路能力第三方校核报告		
7	雷电、操作冲击波过程计算报告		
8	过励磁能力计算报告		
9	运行寿命分析报告		
10	抗震计算报告		
11	油箱机械强度计算报告		
12	直流偏磁耐受能力计算报告		
13	过负荷能力计算报告		
14	噪声计算报告		
15	关键工艺说明		
16	分接开关选型报告		
17	套管选型报告		
18	压力释放阀选型报告		
19	气体继电器选型报告		
20	外形图		
21	变压器型式试验报告、关键原材料及组部件供应商审查备案表、变压器型式试验产品与申报产品一致性对比表		
22	试验方案		
23	变压器短路承受能力试验报告		
24	变压器短路承受能力试验报告、关键原材料及组部件供应商审查备案表、变压器短路承受能力试验产品与申报产品一致性对比表		
	总分		

四、作业终结

序号	项目	内容	结果
1	结论	评分：　　　　是否合格：□是　□否	确认（　　　）
2	发现问题		
3	备注		

填写要求：各项措施确认及作业结果：正常则填写"√"，异常则填写"×"，无需执行则填写"○"。

附录 M

关键原材料及组部件审核作业表

一、基本信息

申报供应商			
申报品类编号		申报品类名称	
工作任务			
开始时间		结束时间	
工作地点			
审查组长		审查组员	

二、作业前准备

序号	准备项	准备次项	准备项内容	工作负责人确认
1	作业前准备	资料	（1）厂家准备好关键原材料及组部件审查阶段的资料。 （2）审查组准备好审查过程记录表格	确认 （ ）

三、作业过程

序号	作业内容	评分	备注
1	套管型式试验报告		
2	套管图纸		
3	套管尺寸表		
4	分接开关型式试验报告		
5	气体继电器型式试验报告		
6	关键原材料及组部件进厂检验方法		

四、作业终结

序号	项目	内容	结果
1	结论	评分： 是否合格□是 □否	确认（ ）
2	发现问题		
3	备注		

填写要求：各项措施确认及作业结果：合格则填写"√"，不合格则填写"×"，无需执行则填写"〇"。

附录 N
历史问题汇总表

供应商							
型号					备注		
序号	标题	故障时间	故障部位	故障简况	原因分析	后续建议	

"历史问题汇总表"应包含故障简况、故障现象（详细描述故障部位）、故障原因分析、后续工作建议等，可另附报告。

附录O

历史问题整改和设联会响应情况见证表

供应商			
型号		备注	

历史问题整改见证

序号	标题	见证方式	时间	见证内容

设联会纪要响应见证

序号	纪要内容	见证方式	时间	见证内容

附录 P

生产制造能力技术符合性审核作业表

一、基本信息

申报供应商			
申报品类编号		申报品类名称	
工作任务			
开始时间		结束时间	
工作地点			
审查组长		审查组员	

二、作业前准备

序号	准备项	准备次项	准备项内容	工作负责人确认
1	作业前准备	资料		确认（　　）

三、作业过程

序号	作业内容	评分	备注
1	供应商产品质量管控水平		
2	产品历史问题与设联会响应		

四、作业终结

序号	项目	内容	结果
1	结论	评分：　　　　　是否合格□是　□否	确认（　　）
2	发现问题		
3	备注		

填写要求：各项措施确认及作业结果：正常则填写"√"，异常则填写"×"，无需执行则填写"○"。

附录Q
试验验证技术符合性审核作业表

一、基本信息

申报供应商			
申报品类编号		申报品类名称	
工作任务			
开始时间		结束时间	
工作地点			
审查组长		审查组员	

二、作业前准备

序号	准备项	准备次项	准备项内容	工作负责人确认
1	作业前准备	资料		确认（　　）

三、作业过程

序号	作业内容	评分	备注
1	空载损耗测量		额定电压空载损耗：_____kW
2	负载损耗测量		高一中主分接（额定容量、75℃、不含辅机损耗）负载损耗：_____kW
3	声级测定		声功率级/声压级：_____dB
4	温升试验		顶层油：_____K 绕组（平均）：_____K 绕组（热点）：_____K 金属件、铁心：_____K 油箱表面：_____K

134

续表

序号	作业内容	评分	备注
5	线端雷电全波、截波冲击试验		□通过　□不通过
6	带有局部放电测量的感应电压试验		高压侧局部放电：_____pC 中压侧局部放电：_____pC

四、作业终结

序号	项目	内容	结果
1	结论	评分：　　　　是否合格□是　□否	确认（　　　）
2	发现问题		
3	备注		

填写要求：各项措施确认及作业结果：正常则填写"√"，异常则填写"×"，无需执行则填写"○"。